oorspronkelijke titel *Natural Beekeeping with the Warré Hive. A Manual.*

© David Heaf, 2013

Nederlandse uitgave © 2019

Vertaling: Tom Bruwier

verschenen bij Northern Bee Books, Scout Bottom Farm, Mytholmroyd, West Yorkshire HX7 5JS, UK. www.northernbeebooks.co.uk

Printed by Lightning Source

ISBN: 978-1-912271-41-2

Alle foto's zijn van David Heaf, met uitzondering van:

Andy Collins: p. 50; Karmen Csaba: p. 67, achterkant; Larry Garret: p. 24 (Fig. 2.10), p. 33; John Haverson: p. 87; Raimund Henneken: p. 45, p. 62; Andrew Janiak: pp. 80 (Fig. 9.2); Alan Nelson: p. 90; Trevor Ray: p. 34 (Fig. 2.26); Uli Schläpfer: p. 34 (Fig. 2.27); Jan-Michael Schütt: voorkant; Joe Waggle: p. 94

David Heaf

Natuurimkeren met de Warré-kast
Een handleiding

vertaald door Tom Bruwier

Inhoud

Dankbetuiging

De auteur bedankt Jeremy Burbridge van Northern Bee Books die hem voorstelde dit boek te schrijven. Jan Jenkins en John Haverson waren nauwgezette proeflezers en gaven nuttige suggesties die het boek alleen maar verbeterden. Patricia Heaf was verantwoordelijk voor de redactie. Hoewel dit boek schatplichtig is aan Emile Abbé Warré die in 1951 is overleden, was het onmogelijk geweest zijn bedrijfsmethode zo grondig naar een moderne context te vertalen zonder de steun en getuigenissen van natuurimkers van over de hele wereld.

De vertaler bedankt Brigid Letor voor het proeflezen van de Nederlandstalige versie.

Over de auteur

David Heaf werd geboren in 1947 in Liverpool. Hij groeide op in Sheffield en behaalde een B.Sc.- en een Ph.D.-diploma in de biochemie aan de Universiteit van Noord-Wales. Na een carrière als onderzoeker in de biochemie kwam hij in Noord-West Wales terecht waar hij nu werkt als vertaler en samen met zijn vrouw Patricia een grote groententuin beheert. Hij begon met imkeren in 2003 in Nationals. In 2006 kwam hij in contact met de Warré-kast en hij begon met 6 volken in dit soort kasten in 2007. Jaarlijks wintert hij vijftien Warré's en een handvol Britse *Nationals* in. In 2010 publiceerde Northern Bee Books zijn boek over een duurzame en bij-vriendelijke manier van imkeren, getiteld *The Bee-friendly Beekeeper*. Het werd herdrukt in 2012.

Voorwoord

Dit boek is bedoeld voor mensen die al zijn gewonnen voor het idee om op een natuurlijke manier bijen te houden en die dat willen proberen met een Warré-kast, hetzij als hun eerste kast, hetzij na eerdere ervaringen met een ander type kast. Hier vind je alles wat je moet weten om met het imkeren in een Warré-kast te beginnen en om in latere seizoenen verder te evolueren eens je bijen zich in de kast ontwikkeld hebben. Ik heb het slechts met mondjesmaat over de filosofie, de ethiek en de wetenschap achter het natuurimkeren. Ik had het daar uitgebreid over in mijn boek *The bee-friendly Beekeeper*[1]. Ik ga er ook vanuit dat de lezer zich via andere kanalen met de basiskennis over de biologie en het gedrag van de honingbij eigen heeft gemaakt of dat nog zal doen. In § 1.6 geef ik een literatuurlijst van excellente boeken over het onderwerp. Over de achtergronden en het ontstaan van de Warré-kast, door zijn uitvinder bedacht met de naam *Kast voor het volk* leest u alles in Abbé Emile Warré's *Bijenteelt voor iedereen*[2], waarvan de laatste uitgave in het Frans dateert van 1948. Terwijl dit boek een volledige handleiding is met veel praktische details die in geen enkele van de eerder genoemde boeken is te vinden, raad ik Warré-imkers toch aan om Warré's origineel boek te lezen. Het was zijn tijd ver vooruit inzake de methode met betrekking tot duurzaam en natuurlijk imkeren.

Sinds de vertaling van het boek van Warré in het Engels in 2007 heeft de *Kast voor het volk* zich over haast alle continenten verspreid en wordt ze nu evengoed gebruikt in een landelijke als in een stedelijke context, van de tropen tot de taiga. Ik heb dan ook geprobeerd om in dit boek rekening te houden met de toenemende diversiteit in omgevingen waarin de kast wordt gebruikt, daarbij terugkoppelend naar ervaringen van Warré-imkers wereldwijd. Ik beschrijf een aantal procedés die ik zelf niet heb moeten gebruiken maar die ik toch heb opgenomen in een poging tot volledigheid.

Er dient rekening te worden gehouden met het ongelofelijke aanpassingsvermogen van de honingbij, waarbij ze kan aarden in behuizingen van allerlei vorm en omvang, soms zelfs in de open lucht. Ikzelf heb kolonies verwijderd op hinderlijke plaatsen zoals waterreservoirs in de grond of schoorsteenpijpen op gebouwen van drie verdiepingen. Dit ter illustratie van het feit dat bijen niet al

---

1 David Heaf, *The bee-friendly Beekeeper*. A sustainable approach, Northern Bee Books, 2010. Ik werk momenteel aan een Nederlandse vertaling van dit boek (*noot van de vertaler*).

2 Abbé Emile Warré, *L'apiculture pour tous*, 1948; vertaald uit het Engels door David en Pat Heaf, Norhern Bee Books, 2007/2013 en door mij vertaald in het Nederlands als *Bijenhouden voor iedereen. 2019.*

te kieskeurig zijn als het aankomt op het kiezen van hun woning zolang die maar voldoende groot is om een rendabel broednest te ontwikkelen. Tot de meer natuurlijke nestruimtes rekenen we korven, stronken, horizontale (Keniaanse of Tanzaniaanse) toplatkasten, sun hives (een dubbele korf met ronde ramen) en verticale toplatkasten waarvan de Warré-kast slechts één voorbeeld is. Het natuurlijke karakter van elk van die kasten zit hem in het feit dat de bijen er raat bouwen zonder waswafels en dat die, in tegenstelling tot kasten met ramen, wordt vastgemaakt aan het dak en de wanden van de kast zoals bijen dat ook in de natuur doen. Ook wordt er toegestaan dat het broednest zich naar beneden toe ontwikkelt, zoals in een holle boom. De rest van het natuurlijke karakter van een Warré-kast is het gevolg van de bedrijfsmethode die wordt gevolgd. Bijgevolg kan er ook op een natuurlijke wijze worden geïmkerd met bijvoorbeeld een Langstroth-kast door te werken zonder waswafels en natuurbouw[3] toe te staan. Omdat, als een natuurimker het nodig acht met ramen te werken (omdat dat bijvoorbeeld wordt opgelegd van overheidswege), heb ik het ook kort over de variant van de Warré-kast met ramen die door de uitvinder zelf ontwikkeld is. Andere soorten natuurlijke kasten met ramen zijn bijvoorbeeld de *Einraumbeute*[4] die door zijn diepte voorkomt dat er een onderbreking is in het broednest of de iets gedurfdere *Sun Hive*[5], een hangende dubbele korf, waarover ik het eerder al had.

Sommige lezers hebben misschien al opgemerkt dat de term "natuurimkeren" een oxymoron is: eens je beslist bijen onder te brengen in om het even welke behuizing zet je een eerste stap, weg van hun natuurlijke manier van leven. Maar het gebruik van de term "relatief natuurimkeren" zou lastig zijn. Misschien zijn "apicentrisch imkeren" of "bij-vriendelijk imkeren" betere omschrijvingen, maar de term "natuurimkeren" lijkt te zijn aanvaard door de *Zeitgeist*. In het Verenigd Koninkrijk[6] en in andere Europese landen wordt de term meer en meer gebruikt en hij komt ook voor in titels van boeken en websites over bijenteelt. Ondertussen is het nagenoeg duidelijk wat wordt bedoeld met de term "natuurimkeren" en daarom houden we er aan vast, ondanks haar eigenlijke contradictie. Als het imkeren met bijenkasten met ramen als modern wordt beschouwt, dan is het natuurimkeren postmodern.

Waar imkers over het algemeen een basishouding hebben die uiteenloopt van antropocentrisch tot meer apicentrisch, dan is die verscheidenheid in aanpak bij natuurimkers niet anders. Hoewel ik het in dit boek slechts heb over één soort bijenkast, bespreek ik een aantal ingrepen die bij eerder radicale natuurimkers de wenkbrauwen zal doen fronsen. Nochtans nam Warré zelf ook enkele zeer antropocentrische manipulaties op - zwermcontrole door middel van het splitsen van kolonies is maar één voorbeeld. Het was dan ook niet zijn bedoeling om expliciet te pleiten voor het natuurimkeren. Aan de andere kant, en zeker als je in een zeer landelijke omgeving woont, kan je de kast geheel aan zichzelf overlaten, ze beschouwen als betrof het een

---

3 Natuurbouw van raten laat het de bijen immers toe zelf te beslissen over de celgrootte en de afstand tussen de raten in het broednest.

4 Ontwikkeld door de bio-dynamische imkers van de Fischermühle Imkerei Mellifera in Rosenfeld, Duitsland - www. mellifera.de

5 Ontwikkeld door de door Rudolf Steiner beïnvloede Duitse kunstenaar Günther Mancke en door hem bedacht met de naam *Weißenseifen Hängekorb*.

6 Daar is de onvolprezen Natural Beekeeping Trust - www.naturalbeekeepingtrust.org - heel actief. Ze zijn ook de initiatiefnemer voor onder andere het prachtige trimestrieel tijdschrift *Natural Beekeeping Husbandry*.

kolonie in een holle boom en ze enkel bezoeken om te mijmeren bij het leven van de bij. Jij kiest welke methode het best bij je past en de wetgeving inzake het houden van bijen is je enige beperking.

Natuurimkers gaan er graag prat op dat hun bijen gezonder zijn dan kolonies die met meer artificiële methodes worden gehouden. Het gezamenlijke corpus van bijenliteratuur bevat veel dat dit soort uitspraken rechtvaardigt en ik had het over enkele aspecten in *The Bee-friendly Beekeeper*. Toch is het onmogelijk dat soort beweringen helemaal hard te maken tot lange termijn onderzoek gedaan is in verschillende omgevingen met een vergelijking tussen verschillende soorten kasten en verschillende bedrijfsmethodes. Laat dit een kans zijn voor bijenonderzoekers wereldwijd.

David Heaf
maart 2013.

Inleiding

1.1 Natuurimkeren

Hieronder lijst ik in het kort op wat de mogelijke criteria zijn waar natuurimkers aan voldoen. Voor sommigen zijn ze misschien vooralsnog niet te verwezenlijken.

1.1.1 Het type kast en de ligging van de bijenstand

- uitsluitend kasten uit hout of andere natuurlijke materialen, geen ijzer of plastiek
- de vorm van de kast leunt aan bij de vorm van een zwerm of een bijentros
- de kast laat een verticale of een horizontale groei van de kolonie toe
- de kast heeft een volume die de bijen ook uit zichzelf zouden verkiezen
- de kast staat zo veel van de grond af als de bijen ook uit zichzelf zouden verkiezen
- de grootte van de ingang, haar oriëntatie en haar plaats in de kast komt overeen met wat de bijen ook uit zichzelf zouden verkiezen
- de kast heeft een wanddikte die te vergelijken is met die van een holle boom
- er is geen onderbreking in het broednest
- de koningin heeft vrij toegang tot de volledige kast; geen koninginnenrooster
- beschut tegen felle zon zoals bij holtes in bomen
- de kast staat niet op een vochtige of donkere plaats
- drachtplanten zijn makkelijk en voldoende bereikbaar volgens de grootte van de kolonie, ook voor het aanleggen van een wintervoorraad
- geen schadelijke stoffen aan de kast of op de bijenstand, enkel niet-giftige natuurverf

1.1.2 Bedrijfmethode

- bijvriendelijk in plaats van gericht op een maximaal winnen van producten uit de kast
- natuurlijke raatbouw, geen waswafels
- raat vastgehecht aan plafond en wanden en geen "bijen gangen" zoals in moderne kasten met ramen
- het openen van de kast wordt beperkt tot het absolute minimum
- zo beperkt mogelijk openen van de bovenkant van de kast, wat de temperatuur van de bijentros laat afkoelen

- enkel honingzolders plaatsen als er een risico bestaat dat de honingvoorraad onvoldoende is voor de winter
- geen of beperkt gebruik van rook bij het werken aan de bijen
- voortplanting mits het toelaten van natuurlijke zwermen
- geen kunstmatige koninginnenkweek, geen overlarving, geen kunstmatige inseminatie
- lokale bijen, als die beschikbaar zijn
- geen chemische middelen die bijenvreemd zijn; bv. geen behandeling tegen varroa
- geen darrenraat uitsnijden
- geen gebruik van pesticiden in de actieradius van de kolonie
- slechts voeden als dat hoogst noodzakelijk is en dan enkel met honing en/of pollen
- rekening houden met mogelijke concurrentie voor andere bestuivende insecten

En dat is een heleboel om rekening mee te houden! Het is duidelijk dat er flink wat compromissen moeten worden gesloten om het houden van bijen sowieso mogelijk te maken. De dikte van de wanden of de kasten installeren op een hoogte van vijf meter, zoals de bijen uit zichzelf zouden verkiezen, zijn maar twee zaken die het hanteren van de rompen kunnen bemoeilijken of het zelfs onnodig gevaarlijk maken. Imkers die in hun eerste seizoen zitten, beschikken niet over eigen honing om in geval van nood bij te voederen. Of, als ze maar één kast hebben, kiezen ze ervoor die niet helemaal over te laten aan de risico's van een aantasting door varroa en de virussen die ermee gepaard gaan. De bovenstaande lijsten moeten dan ook niet worden beschouwd als absolute dogma's maar eerder als een richtlijn. Hoe iemand met het gegeven natuurimkeren omgaat varieert volgens zowel een ecocentrisch als een apicentrisch paradigma. Ik stel voor dat iedereen bijen houdt in een type kast en volgens een bedrijfsmethode die hem past. Dus maak zelf je keuze!

1.2 Waarom een Warré-kast?

Nadat ik zelf vier jaar bijen had gehouden in een kast van het Langstroth-type - in het VK noemen we die "National" of "British Standard" - en waarvan ik er zelfs nu nog enkele gebruik, botste ik op het boek van Johann Thür waarin hij lovend sprak over de kast van Johann Ludwig Christ uit de 18de eeuw. Die kast bestond uit een aantal opeengestapelde rompen met toplatten in elk van de rompen. Ik was vooral aangetrokken door het feit dat in die kasten de raat vastzat aan het plafond en de wanden van de kast waardoor er een soort *cul-de-sac* ontstond die de geur en de warmte van het broednest vasthield (*Nestduftwärmebindung*). Bovendien werd de kast naar onderen toe uitgebreid als de kolonie aangroeide en werd er bovenaan honing geoogst naarmate ze zich met honing vulden. De raat werd niet hergebruikt. Ik stootte op een gelijkaardige principe met de *"Kast voor het volk"* in een Frans boek van Abbé Emile Warré die zeer gedetailleerd beschreef hoe de kast werd gemaakt en welke methode erop werd toegepast. Sindsdien heb ik zestien van die kasten gemaakt en in gebruik genomen terwijl mijn aantal *Nationals* steeds verminderde.

Wat me bij de Warré-kast bevalt, is het volgende:
- de warmte en de geur van het broednest wordt vastgehouden; er is een betere controle van temperatuur en luchtvochtigheid
- er is een dik, luchtdoorlatend "kussen" dat bovenin de kast voor isolatie zorgt en een buffer vormt tegen eventuele vochtigheid
- een afdekdoek vervangt de afdekplank, propolis wordt niet vernietigd bij het wegnemen en er is een zachte inspectie van bovenaf mogelijk
- kleinere, beter handelbare rompen zijn makkelijk zelf te maken
- alle rompen hebben dezelfde afmetingen
- bij het bepalen van de celgrootte bij raatbouw kunnen de bijen vrij kiezen voor werkster- en/of darrencellen
- het broednest evolueert naar onder in hernieuwde raat; rompen met oude raat worden langs boven verwijderd als ze gevuld zijn met honing
- de bijen verkleinen de kans op mogelijke infectie door een jaarlijkse cyclus van raatvernieuwing
- er zijn geen kosten te besteden aan ramen of waswafels en er is geen tijd nodig om ze te maken of uit te rusten
- door geen waswafels te gebruiken, wordt vermeden dat er gecontamineerde was in de kast terechtkomt
- geen koninginnenrooster
- geen nood aan een (dure) honingslinger; oogsten gebeurt door pletten en uitlekken, wat met dagdagelijks keukenmateriaal kan worden gerealiseerd
- stricto senso moet de kast slechts éénmaal worden geopend: bij het oogsten; in de lente worden onderaan enkele rompen toegevoegd zonder dat daar warmteverlies mee gepaard gaat en zonder dat de bijen worden verstoord
- de stevige handvaten aan de rompen laten het gebruik van een zelf-te-bouwen lift toe

Maar laat me meteen alle kaarten op tafel te leggen en ook kijken naar mogelijke of vermeende nadelen:
- de binnenruimte van de kast is niet cilindrisch zoals bij een holle boom of een korf. Warré had het zelf over een ronde vorm maar hij vond die niet realiseerbaar
- het broednest is onderbroken door de toplatten
- bij een eventuele kastcontrole is er meer voorzichtigheid geboden in vergelijking tot moderne raamkasten
- er wordt geoogst van nabij het broednest; een groter mogelijkheid dat er ook broed geoogst wordt of eraan gerelateerde substanties zoals stuifmeel
- er is geen of weinig hergebruik van raat waardoor er meer nectar nodig is om de verwijderde raat te vervangen en dus is er een lagere honingopbrengst
- kunstzwermen zijn veel moeilijker te realiseren dan met ramen
- grotere kans op besmetting van de honing bij behandeling tegen varroa als die wordt uitgevoerd
- voor de beginnende imker is het moeilijker de kast op te volgen
- het welzijn van de kolonie inschatten vormt een grotere uitdaging

Maar een mens kan nu eenmaal niet alles hebben! Op enkele van de eventuele nadelen komen we verder in dit boek terug.

1.3 Mentors en andere bronnen voor praktische tips

De laatste jaren werden er cursussen gegeven over natuurimkeren en het gebruik van de Warré-kast in de VS, het VK en Australië. In België kan dat bij Landwijzer die ook de Warré-kast als een goede kast beschouwt[7] (*noot van de vertaler*). Terwijl de interesse voor het natuurimkeren nog steeds in de lift zit zou het mogelijk moeten zijn die initiatieven te lokaliseren en bekend te maken in publicaties en op fora. De Natural Beekeeping Trust inhet VK is integraal aan natuurimkeren gewijd, geeft lezingen en organiseert cursussen. Ook in België is zo'n netwerk: de Werkgroep Natuurlijk Imkeren[8].

Toch is het als beginnend imker moeilijk een mentor te vinden voor de Warré-kast. In ieder geval is het verstandig om lid te worden van een lokale imkervereniging. Hun vergaderingen, en zeker de bezoeken aan een bijenstand in de lente en de zomer, zijn zeer informatief zelfs als je je niet altijd kan vinden in de beoefende methodes. Een ervaren imker die met raamkasten werkt maar toch een open geest heeft, kan een goede mentor zijn. Het begrijpen en aanvoelen van bijen via jarenlang werken met raat op ramen kan in hoge mate ook toegepast worden op Warré-kasten. Heel af en toe kan je op een zekere vijandigheid botsen bij je plaatselijke imkervereniging als je je bedoelingen en overtuigen kenbaar maakt. In dat geval is het beter om gewoon te observeren, te luisteren en te leren.

Veel beginnelingen krijgen begeleiding van gelijkgezinde imkers die aanzienlijk ver weg wonen, hetzij via de telefoon of over het internet. Dat gebeurt vaak via de vele online fora, zoals de Yahoo e-groep 'warrebeekeeping' (de belangrijkste in de Engelse taal die geheel is gewijd aan het bijenhouden met de Warré-kast) alle vragen beantwoordt, soms al na enkele uren[9]. Links naar websites van andere fora zijn te vinden in Appendix 1.

In het VK is het de National Bee Unit en in de VS zijn er verschillende Staatgerelateerde instanties die advies geven aan imkers, vooral op het vlak van ziektes en het omgaan met belagers. Dat soort instanties heeft vaak een netwerk van lokale inspecteurs. De enorme hoeveelheid kennis die door dat soort gouvernementele organisaties wordt verzameld moet niet worden onderschat, ook al is die soms gebaseerd op een visie waarin natuurimkeren niet makkelijk haar plaats krijgt. Een voorbeeld van aan de andere kant van het spectrum is mijn plaatselijke inspecteur die bijen houdt in zelf gemaakte korven. Hopelijk ervaar je met de officiële informatie gaandeweg wat voor jou nuttig is en wat niet. Omdat de inspecteurs elk op hun eigen manier hun taak interpreteren kan het nuttig zijn je op voorhand te informeren over je eigen rechten en de gedragscode die de ambtenaar, belast met de controle van je kast, moet volgen. In het VK staan die codes/richtlijnen in detail beschreven op de website van de National Bee Unit[10]. In § 7.2.2, doe ik een voorstel van een manier van samenwerking met je inspecteur. Je kan er je eigen inspiratie uit puren.

---

7 www.landwijzer.be/cursussen/natuurlijk-imkeren

8 natuurlijkimkeren.be en https://www.facebook.com/groups/1889192541363031/

9 http://uk.groupg.yahoo.com/group/warrebeekeeping/

10 https://secure.fera.defra.gov.uk/beebase/

1.4 Bijenwetgeving

In sommige landen of staten moeten imkers zich registreren. Op veel plaatsen is er een meldingsplicht voor bepaalde plagen en ziektes, zoals bijvoorbeeld vuilbroed. De regels kunnen worden verkregen via de landelijke departementen voor landbouw. Je plaatselijke imkervereniging kan je de contacten bezorgen.

Sommige lokale administraties hebben deelwetten of verordeningen met betrekking tot het houden van bijen, die het soms verbieden in bepaalde gebieden of specifieke maatregelen omtrent de afstand tussen een bijenkast en publieke voorzieningen vastleggen. Ook hierover kan je lokale imkervereniging je informeren.

1.5 Gezondheid, veiligheid en verzekering van imkers

Hoe je als imker met je bijen werkt, hangt voor een groot stuk af van hoe je je tot hen gedraagt en dat heeft op zijn beurt weer te maken met je innerlijke basishouding. Een geplande, afgemeten, ongehaaste, kalme en bewuste, haast contemplatieve houding resulteert veelal in een makkelijker samenwerking dan de tegenovergestelde aanpak. Maar ook met de meest zachtaardige aanpak zal je occasioneel door de bijen worden gestoken. Als dat een regel wordt, beraad je dan over wat je fout doet: je werkt op het foute moment van de dag; de kolonie is al te lang verstoord door jezelf of een dier (een specht bijvoorbeeld); in het volk ontbreekt een koningin; je hebt een afstotende lichaamsgeur of draagt parfum; opportunistische bijen van andere kolonies komen roven op het moment dat je een kastcontrole doet, en zo veel meer.

De grootste risico's van het houden van bijen zijn steken - bij jezelf en bij anderen - en rugpijn. Imkers worden het gewoon om af en toe gestoken te worden en het ongemak is niet groter dan het prikken van een brandnetel. Een steek kan desondanks, weliswaar uitzonderlijk, toch fataal zijn, vooral dan als ze een hevige allergische reactie of een anafylactische shock veroorzaakt. Zolang je nog niet weet hoe je op een bijensteek reageert, is het veiliger niet alleen aan een kast te werken. Soms kan zelfs een imker die al vele malen eerder gestoken werd plots heel hevig gaan reageren. Wanneer je gestoken wordt, kan je het effect van de ontsteking verkleinen door onmiddellijk de angel te verwijderen door die zijwaarts uit de huid te schuiven met een imkerbeitel, de vingernagel of een bankkaart. De Britse Beekeepers Association heeft een excellente folder (L002) gepubliceerd over steken, die de eerste hulp in het geval van anaphylaxis opsomt[11]. Een steek in het oog kan tot blindheid leiden. Daarom draag ik altijd een sluier als ik aan mijn bijen werk.

Als je anderen meeneemt voor een bezoek aan je bijen heeft het zeker zin hen op zijn minst te voorzien van een sluier en je vertrouwd te maken met de basismaatregelen voor het toedienen van eerste hulp bij steken. Zonder twijfel zal je vermijden aan je bijen te werken als er een overduidelijk gevaar is voor familie, buren of voorbijgangers. Veel imkers – misschien wel de meerderheid – in het VK (en in België of Nederland is dat niet anders, *noot van de vertaler*), hebben een burgerlijke aansprakelijkheidsverzekering die meestal via de plaatselijke imkervereniging kan worden geregeld. Dit soort verzekering geeft ook bescherming in het onwaarschijnlijke

---

11 http://www.bbka.org.uk/files/library/bee_stings-l002_1342858887.pdf

geval dat een product, honing bijvoorbeeld, schadelijk blijkt te zijn. Ik ken persoonlijk geen enkele imker die verzekerd is tegen het diefstal van of schade aan een bijenkast of een -kolonie maar ik weet dat het onder andere in Frankrijk bestaat tegen een kleine kost per kast.

In het VK hebben we eveneens een verzekering tegen bijenziektes, alweer via een imkervereniging. Ze regelt een schadeloosstelling bij verlies van ramen of wasraat als die op bevel moeten worden vernietigd bij vaststelling van vuilbroed. Andere onderdelen van een kast worden in zo'n geval ontsmet door alles af te branden of door een, in sommige landen gangbare, bestraling. Warré-imkers lijden in zulke gevallen veel kleinere verliezen omdat ze niet investeren in raampjes of waswafels. Een verzekering tegen bijenziektes is voor hen daarom veel minder interessant.

Het andere bekende risico van de bijenteelt is rugpijn. Een volledig met honing gevulde romp van een Warré-kast kan 21 kg wegen. Voorzichtigheid en een correcte manier van heffen zijn onontbeerlijk. Af en toe hef ik twee volle rompen mét bijen en wasraat op om er een derde romp onder te schuiven. Meestal gebeurt dat aan het begin van het seizoen, dus voor de kast wordt gevuld met honing, het zwaarste onderdeel van een kast.

1.6 Aanbevolen literatuur

Naast mijn eigen boek waarover ik het al had in de inleiding en het boek van Abbé Emile Warré, wil ik nog een aantal boeken aanraden van andere auteurs die interessant kunnen zijn voor beginnende imkers.

Bees and Honey from Flower to Jar[12] van Michael Weiler is een goedkoop boek met informatie over de anatomie, de biologie en het gedrag van de honingbij. Het gaat in op de essentie van het fenomeen *Der Bien*, het wezen van de bij.

Towards Saving the Honeybee[13] van Günter Hauk gaat in op verschillende principes en methodes van het natuur-imkeren vanuit een biodynamisch standpunt.

Alleen al omwille van de vele prachtige kleurenfoto's en de geïllustreerde beschrijving van de biologie en het gedrag van de honingbij is *The Buzz About Bees - The Biology of a Superorganism*[14] van Jürgen Tautz verplichte lectuur. Het is niet goedkoop maar jouw openbare bibliotheek zal het zeker voor je willen aankopen.

Een klein boekje dat niettemin heel handig is om altijd bij te hebben is *Am Flugloch*[15] van Heinrich Storch. De ondertitel verklapt waarom het zo waardevol is: *Een observatieboek: hoe weten wat er binnenin een bijenkast gebeurt door observatie van de buitenkant.*

Voor een grondigere academische en wetenschappelijke benadering van bijenbiologie en -gedrag raad ik *The Biology of the Honey Bee*[16] van Mark Winston aan.

---

12 Michael Weiler, *Bees and Honey from Flower to Jar*, Floris Books, 2006

13 Günther Hauk, *Towards Saving the Honeybee*, Biodynamic Farming and Gardening Association, 2002

14 Jürgen Tautz, *Phänomen Honigbiene*,Spektrum Akademischer Verlag 2007; in het Engels vertaald als *The Buzz about Bees - The Biology of a Superorganism*, Springer 2008; in het Nederlands vertaald als *Honingbijen*, KNNV uitgevers, 2013

15 Heinrich Storck, *Am Flugloch*, Editions Européennes Apicoles, 2013; in het Nederlands vertaald als "Bij het vlieggat", bij dezelfde u

16 Mark Winston, *Biology of the Honey Bee*, Harvard University Press, 1987

Ik verwijs naar om het even welk boek van Tom Seeley, maar in het bijzonder naar zijn *Honeybee Democracy*[17] dat op een zeer onderhoudende manier zijn onderzoek beschrijft naar hoe bijen een nieuw onderkomen vinden. Iedereen die werkt met natuurlijk zwermen en die zwermen toestaat, zal graag willen weten wat er gebeurt in tijd en ruimte tussen zijn bijenkasten en zijn lokkasten.

Ter aanvulling van die boeken zijn er nog verschillende websites, gewijd aan het imkeren met Warré-kasten. De oudste in het Engels is www.warre.biobees.com die oorspronkelijk een onderkomen vond op de website van Phil Chandler, een Britse pionier van het natuurimkeren met horizontale toplatkasten.

Mijn eigen website www.bee-friendly.co.uk bevat materiaal over het imkeren met Warré-kasten dat niet op biobees.com is te vinden evenals als mijn artikels en links naar mijn werk rond het verwijderen van bijenkolonies uit ongewenste nestplekken. De website van de 'warrebeekeeping' e-groep waarover ik eerder had, bevat gerangschikte conversaties omtrent tal van onderwerpen; telkens met vragen en antwoorden.

Gill Sentinella's film *The Honeybee* (2009), verkrijgbaar op DVD, geeft een levendig beeld van de jaarcyclus van de honingbij. De film heeft een schitterende fotografie.

☞ *Noot van de vertaler*: na het verschijnen van dit boek kwamen er nog interessante boeken op de markt. Ik heb ze samen met de reeds opgenoemde opgenomen in een appendix achteraan in dit boek.

---

17 Thomas D. Seeley, *Honeybee Democracy*, Princeton University Press, 2010

2. Hoe kom je aan een Warré-kast?

Sinds Warré's boek voor het eerst in het Engels verscheen, zijn minstens een half dozijn verdelers/bouwers verspreid over de hele wereld opgestaan. Een grote stap was de beslissing van E. H. Thorne (Beehives) Ltd, de grootste fabrikant van bijenkasten in het VK om in 2011 een 4-romps Warré op de markt te brengen, gemaakt uit Engelse rode ceder. Daarmee werd, althans vanuit commerciële hoek, een zekere erkenning van de verdiensten van het kasttype toegegeven. Zoek even op het internet en je vindt zeker een verdeler in je regio.

2.1 Materialen

De keuze van de houtsoort kan in grote mate vrij door de imker zelf beslist worden, afhankelijk van de lokaal voorradige soorten en van hoeveel geld hij aan een kast wil uitgeven. Veel van mijn Warré-kasten zijn gebouwd met gerecycleerd hout. Ik weet dat dit niet overal of altijd kan. Zachthout is te verkiezen omwille van zijn lagere thermische geleiding waardoor het een hogere isolerende waarde heeft. Van de meest verspreide soorten zachthout raad ik aan in dalende voorkeur: ceder, lariks, den en spar - allen bij voorkeur afkomstig uit duurzame, lokale bosbouw. Rode ceder is traditioneel een veelgebruikte houtsoort (in het VK en daarbuiten) omdat het licht en duurzaam is zonder ook maar enige bescherming aan de buitenkant. Veel van mijn nieuwste rompen zijn gemaakt uit lariks, maar ik gebruik nog steeds gerecycleerd hout voor alle andere onderdelen van mijn kasten.

Als je niet anders kan dan voor op voorhand gezaagde planken uit bijvoorbeeld dennenhout te kiezen, dan zal je de afmetingen van de kast misschien een beetje willen aanpassen aan wat er tot je beschikking staat. Zo blijft er van een plank van 250 mm dikte x 2000 mm breedte na het rondom schaven een plank over van 200 mm x 1950 mm over. Als je het zo gebruikt verlies je 25 mm diepte op je rompen waardoor je meer onderbreking van het broednest hebt dan normaal maar je rompen worden er iets lichter door om te tillen. De bijen geven daar niet om. Maar je kan ook planken van 250 mm x 2500 mm (geschaafd: 200 mm x 2350 mm) gebruiken die dan weer diepere en zwaardere rompen opleveren eens ze vol zitten met honing. Als je in de zagerij 25 mm van de breedte laat zagen heb je planken die haast perfect overeenkomen met de door Warré aangegeven breedte. Of je zou voor de planken van 250 mm x 2000 mm kunnen kiezen en ze zo gaan gebruiken, zonder hout te verspillen in de schaaf. Warré gaf aan dat het onnodig is om het hout te schaven. Als de bijen voor een holle boom kiezen, heeft die ook geen geschaafde binnenkant. Er zijn kortom twee voordelen: je rompen zijn dikker en daardoor beter isolerend, en de diepte van de rompen is maar een halve centimeter minder diep dan Warré's ontwerp. Je bijen zullen er zeker niet over klagen.

Probeer echter zo veel als mogelijk vast te houden aan de oorspronkelijke binnenafmetingen van 300 mm x 300 mm zodat je geen problemen krijgt met het afmeten van de toplatten en de onderlinge afstand ertussen.

Sommige Warré-imkers gebruiken multiplex voor buiten of zelfs gecoate multiplex voor sommige onderdelen van hun kasten. Het is niet gekend in welke mate de producten die gebruikt worden om de platen te verlijmen een effect hebben op de bijen, maar dat is zeker een factor waar rekening mee moet worden gehouden. Natuurlijk zou het geen probleem mogen zijn als dat soort hout wordt gebruikt voor het dak of voor het kussen. Om de constructie te vereenvoudigen gebruiken sommigen ook multiplex voor de bodem ook al staat die in onmiddellijk contact met de bijen. Drie andere factoren die moeten afgewogen worden tegenover vol hout zijn de hogere kost, de lagere luchtdoorlaatbaarheid en de hogere thermische geleiding en het warmteverlies dat ermee gepaard gaat.

Enkele natuurimkers proberen metaal of plastiek te vermijden in hun kasten. Ferrometalen kunnen de perceptie van de bijen van de aardmagnetische velden verstoren. Hoewel het gekend is dat bijen dit element kunnen voelen, is het niet geweten of de nabijheid van staal interferentie veroorzaakt. Wil je op veilig spelen, gebruik dan koperen nagels of verlijmde vingerlasverbindingen op de hoeken. Om te voorkomen dat de bijen in contact komen met de lijm moet die enkel aan de buitenkant aangebracht worden. Elk gat aan de binnenkant van de kast zal door de bijen worden opgevuld met propolis: een bruin, kleverig goedje dat dienst doet als hun natuurlijke lijm, vulling of ontsmettingsmiddel. Ik heb enkele rompen gemaakt

Fig. 2.1 Warré-romp
met vingerlas-
verbinding op de hoek

met vingerlasverbindingen. Er kruipt veel tijd in en vraagt een grote nauwkeurigheid en een hogere kennis van houtbewerkingtechnieken. Voor de meeste van mijn rompen gebruik ik gegalvaniseerde nagels.

Het gebruik van plastiek in kasten wordt met argwaan bekeken omdat men gelooft dat plastiek stoffen vrijgeeft die bedenkelijk zijn voor de voedselveiligheid tijdens de assemblage. In de meeste gevallen kan het zonder plastiek. Maar plastiek bakjes zijn zo nu en dan té gemakkelijk om ze niet te gebruiken als voederbakken. Als je onzeker bent over plastiek dan zijn glas, keramiek, roestvrij staal of email mogelijke alternatieven.

Houtbeschermende middelen worden best vermeden. Ik werk de buitenkant van mijn kasten af met twee lagen gekookte lijnzaadolie en ik laat 24 uur droogtijd tussen elke laag. Sommigen lossen bijenwas op in de olie, bijvoorbeeld 25 g was voor 500 ml olie. Hou rekening met brandgevaar verbonden aan olie en wees heel voorzichtig met het opbergen van vodden en borstels die je hebt gebruikt. Sommigen verkiezen tungolie. Op mijn daken gebruik ik waterafstotende verf voor buiten. Kan je ecologische verf vinden, des te beter. Ik laat mijn bodems, kussens en onderstellen onbehandeld. Ook op het onderstel – op zich het meest onderhevig aan rot – komen bijen te zitten. Ik beschouw mijn onderstellen, zonder uitzondering gemaakt van gerecycleerd hout, als wegwerponderdelen. Meer duurzame onderstellen zouden kunnen gemaakt worden met twee betonblokken en een vloertegel, waarbij alle drie de elementen bij voorkeur gerecycleerd werden.

Over andere materialen zullen we het hebben als ze ter sprake komen. De plannen in wat volgt, zijn zo nauwkeurig mogelijk gebaseerd op de plannen uit de 12de uitgave van *Bijenteelt voor iedereen* zoals Warré het in 1948 heeft gepubliceerd.

In § 2.2.9 vind je plannen voor het maken van een romp met een kijkraam. Ik volg daarbij de aanpassing aan de oorspronkelijke Warré-romp uitgevoerd door Frères en Guillaume[18]. Ik heb deze variant van de oorspronkelijke romp opgenomen omdat veel, vooral beginnende, imkers ze handig vinden voor het opvolgen van de ontwikkeling van een kolonie. Ramen aan het ontwerp toevoegen verhoogt de complexiteit, de kosten en het benodigde materiaal. Ze moeten met zorg gemaakt worden en vragen een zorgvuldig beheer om onnodige thermische inspanning van de kolonie te vermijden door bijvoorbeeld kromtrekken of door het storen van de wintertros.

Alle plannen zijn voor het bouwen van rompen met een wanddikte van 20 mm, het door Warré aangegeven minimum. Hij verkoos zelf een dikte van 24 mm omwille van de stevigheid. In koudere streken worden diktes gebruikt van 38 mm of 50 mm. Dat zijn zware jongens. Elke aanpassing aan de wanddikte van de rompen zou idealerwijze rekening moeten houden met de oorspronkelijke binnenafmetingen (300 x 300 x 210 mm). Op de poten na moeten alle onderdelen van de kast in functie van de dikte van het hout worden herberekend.

---

18 Frères, J-M. en Guillaume, J-C., *L'Apiculture Ecologique de A à Z*, Marco Pietteur, 2013

2.2 Het bouwen

2.2.1 De kast

Een kast bestaat in het algemeen uit twee tot vijf (zelden zes[19]) opeengestapelde rompen elk voorzien van handvatten en acht toplatten, waarbij de onderste romp rust op een eenvoudige vloer (de bodemplaat) voorzien van een insnijding die als ingang dienst doet onderaan de rand van die romp. De toplatten in de bovenste romp, aangeduid als romp #1[20], zijn bedekt met een geïmpregneerd afdekdoek waarop een kussen (*coussin* heet het bij Warré) rust, een houten bak. Op dat kussen rust het dak met een overhangende rand, een driehoekige pui en een ventilatieruimte. De onderkant van het dak komt 20 mm over de rand van de verbinding tussen het kussen en de bovenste romp om die regenvrij te houden. Er is geen directe doorvoer van lucht van de bovenste romp naar de ventilatieruimte onder het dak. Het kussen is gevuld met plantaardig isolerend materiaal. Sommigen gebruiken houtsnippers of composteerbaar materiaal. Aan de onderkant van het kussen is er een doek vastgemaakt, dat dient om het vulsel op zijn plaats te houden.

2.2.2 De rompen van de kast en de toplatten

De meest eenvoudige romp heeft hoeken waarbij de planken gewoon aaneen genageld zijn. Zeven gegalvaniseerde nagels van 65 x 2.65 mm geven een stevige verbinding. Vier schroeven van de zelfde lengte hebben hetzelfde effect. Verlijmen is niet nodig. Natuurlijk zorgen zwaluwstaart- of vingerlasverbindingen voor een grotere stevigheid hoewel de complexiteit van het ontwerp er ook groter door wordt. Eventuele spleten worden opgevuld door de bijen. Toch is het handig als de rompen van bij het begin mooi aansluiten zonder al te veel speling. Dunne spleetjes worden weliswaar sowieso door de bijen gepropoliseerd. Gebruik een winkelhaak bij de assemblage. Bij twijfel sla je de nagels eerst maar half in het hout. Als je planken licht bol staan berust je dan op de groeiringen om de buitenkant van de boom naar de binnenkant van de verbinding te oriënteren bij het vernagelen.

Warré geeft geen afmetingen voor de handvaten maar 300 x 20 x 20 mm bevestigd met telkens drie nagels én verlijmd, hebben bewezen goed te werken zelfs wanneer de volledige kast wordt opgetild bij de handvaten van de onderste romp. Ik schuur de bovenkanten van mijn handvaten rond af om regenwater te laten afdruipen.

De ruimte tussen de toplatten onderling en tussen de toplatten en de zijkanten van de romp is 12 mm. Het maken van de uitsparingen waarop de toplatten rusten kan een uitdaging zijn voor de niet zo ervaren houtbewerker. Normaal gezien zouden ze uitgezaagd worden met een tafelzaag, een geleidingslat, een frees of zelfs met een handzaag als er een geleider voor het hout is. Omdat ze maar 10 mm diep zijn, kunnen ze eventueel ook worden uitgesneden met een stevig *Stanley*-mes waarbij

---

19 Warré heeft het in zijn boek zelf over één van zijn kasten met zeven rompen. Jean-Claude Guillaume getuigt (in zijn *Exposé sur l'Apiculture Ecologique*, Marco Pietteur, 2016) over twee kasten in respectievelijk Québec en Marokko met acht rompen (*noot van de vertaler*)

20 Warré nummerde zijn rompen altijd van boven naar onder. Ik doe dat ook, omdat de eerste romp die bevolkt is de bovenste is, romp #1

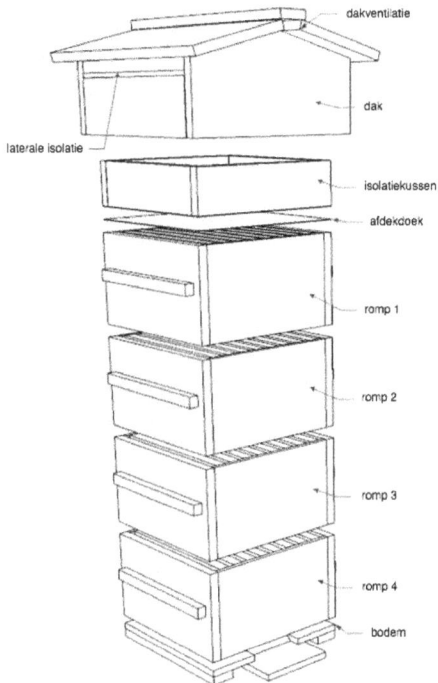

Fig. 2.2 De Kast voor het volk – dissectie

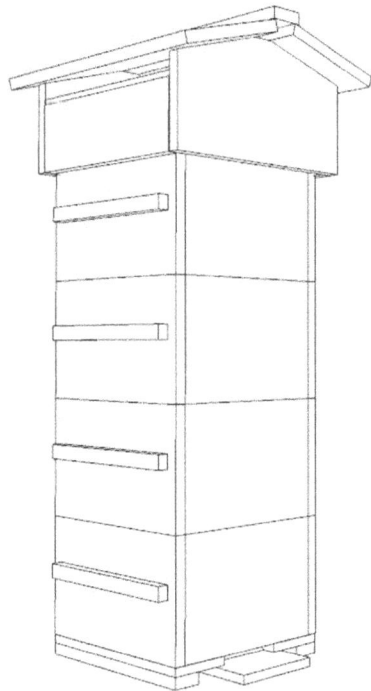

Fig. 2.3 De Kast voor het volk

een stalen lat als geleider wordt gebruikt. Maak verschillende inkepingen van steeds grotere diepte in het hout. De uitsparingen achterwege laten en de toplatten, zoals Warré zelf suggereerde, op extra steunlatten te laten rusten moet vermeden worden omdat dat het uitnemen van raten (bij een eventuele officiële controle bijvoorbeeld) extreem bemoeilijkt.

Jean-François Dardenne suggereerde ooit om uitsparingen te voorzien aan de boven- én onderkant van elke romp. Het achterliggende idee is dat die zouden voorkomen dat de onderkant van de romp met propolis vastgezet wordt aan de uiteinden van de toplatten van de romp eronder. Ik heb die dubbele uitsparingen op al mijn rompen.

Warré specificeert een lengte van 315 mm voor de toplatten. Als we echter 320 mm gebruiken knellen de latten beter in de uitsparingen en er is ook geen plaats waar eventuele belagers zoals de kleine kastkever zich kunnen verstoppen. Let er ook op dat de toplatten iets minder dik zijn dan de diepte van de uitsparingen zelf. Dat is het kleine detail dat Warré bedacht om er voor te zorgen dat de rompen plat op elkaar staan en dat geen enkele toplat boven de bovenkant van een romp uitsteekt wat het manipuleren van een romp alleen maar bemoeilijkt.

Toplatten kunnen gemaakt worden uit elke houtsoort die bij de gegeven overspanning het gewicht van 2 kg raat kan dragen. Ik gebruik overschotten van den, lariks, eik, ceder, mahonie, enz. Een tafelzaag vergemakkelijkt het maken van de latten maar wees je ervan bewust dat veel imkers die je voorgingen lelijke ongevallen hebben gehad bij het zagen van toplatten. Het is aan te raden om de toplatten aan de onderkant zo ruw mogelijk te zagen om zo een grotere hechting voor de raat te garanderen, terwijl de bovenkant dan weer beter zo glad mogelijk geschaafd wordt om aanhechting met de raat erboven te voorkomen. Als je latten al aan twee kanten geschaafd zijn, kan je

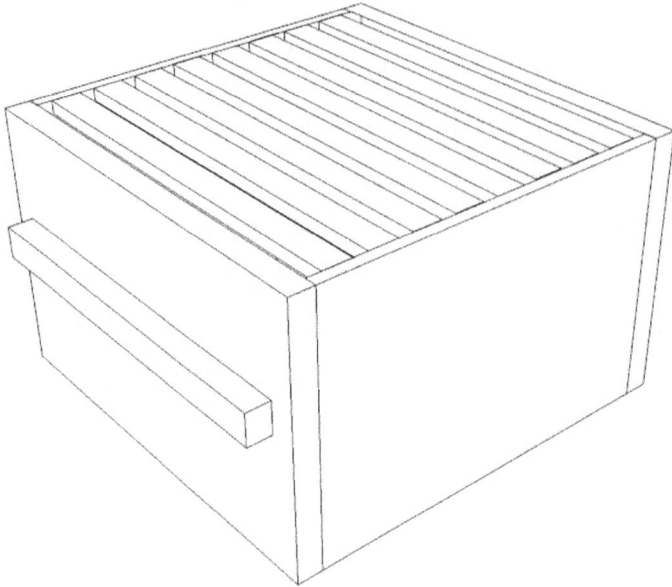

Fig. 2.4 Romp

een handzaag vastklemmen in een werkbank en de onderkanten van de latten over de zaag heen en weer schuren om ze ruwer te zetten. Draag daarbij best handschoenen. De bovenkant, maar alleen de bovenkant, kan een laagje lijnzaadolie krijgen om de kans op aanhechting met de raat erboven te verkleinen. Twee lagen met een droogtijd van 24 uur tussen elke laag is aangewezen. Let erop alleen de bovenkant in te oliën en niet te morsen op de zijkanten. Dit vergemakkelijkt het wegnemen van rompen. Het oliën gebeurt best enkele dagen voor je de latten gaat gebruiken om te verzekeren dat de olie voldoende opdroogt. Gebruik geen gekookte lijnzaadolie omdat die soms droogversnellers bevat. Als je vergeten bent je bovenkanten in te oliën kan je ze op het laatste moment nog instrijken met vaseline. Hou de laag zo dun mogelijk en werk ze in de nerven van het hout in. Overtollige vaseline schraap je weg. Hoewel ook Warré het gebruik van vaseline vernoemt, houden we er toch best rekening mee dat het minder plantaardig is dan bijvoorbeeld lijnzaadolie en dus ook minder consumeerbaar. Als we het in kleine hoeveelheden gebruiken is het niet schadelijk.

In extreem koude streken waar er weken aan een stuk sneeuw ligt, is het raadzaam ook in de bovenkant van de kast een kleine ingang te voorzien. Op het eerste zicht lijkt dat in te gaan tegen Warré's opvattingen over het vasthouden van nestwarmte bovenin de kast. Maar als bijen door het ontbreken van een uitgang niet kunnen uitvliegen om zich te ontlasten kunnen er andere ernstige gezondheidsproblemen optreden. Zo'n ingang kan een gleuf zijn van 6 mm tussen de twee middelste toplatten aan de voorkant van de bovenste romp of een gat met een diameter van 10 mm in de voorkant van elke romp. Als die ingang niet gebruikt wordt kan die dichtgemaakt worden. Het afdekdoek, kussen en dak worden op de gewone manier geplaatst. Als we het dak installeren, plaatsen we het grootste stuk van de ruimte tussen het dak en de bovenste romp aan één kant zodat er een afgeschermde toegang is naar de "nooduitgang". Andere soorten toegang zijn zeker te realiseren maar ze zijn vaak niet compatibel met de correcte installatie van het Warré-kussen. Uiteraard kan de "nooduitgang" worden afgesloten met een houten plug als hij niet gebruikt wordt.

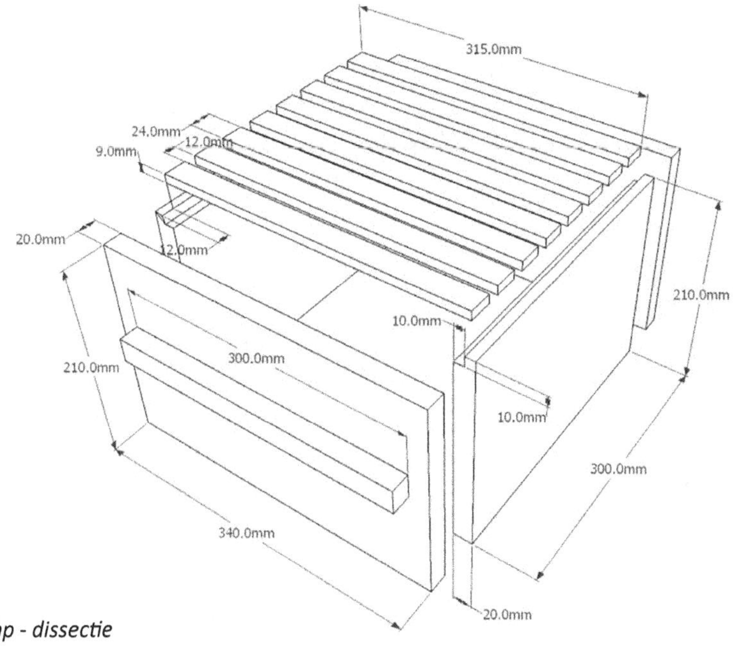

Fig. 2.5 Romp - dissectie

2.2.3 Aanbrengen van wasstarters, positioneren en vastzetten van toplatten

Elke toplat krijgt aan de onderkant een reepje was dat dienst doet als richtingaanwijzer voor de bijen om hun raat te positioneren. Zonder die raatgeleiders (wasstarters) zouden de bijen hun raat volgens hun eigen inzicht bouwen onder soms vreemde hoeken waardoor het uitnemen van de raten best moeilijk of helemaal onmogelijk wordt. Beginnende imkers kunnen bijenwas krijgen via een lokale bijenwinkel, een houthandel, een kaarsenwinkel of via andere imkers. Omdat die was hoogstwaarschijnlijk gecontamineerd zal zijn met pesticiden waaronder acaricide (miticides) wil je misschien liever je was halen bij een imker die op biologische wijze bijen houdt. Als je moeite hebt om biologische bijenwas te pakken te krijgen, kan je met weinig risico toch gewone bijenwas gebruiken. Omdat er met toplatten weinig was gebruikt wordt, in vergelijking met ramen met wastafels. Sommigen voorzien in hun toplatten aan één kant een kleine groef om voor de was een geleider te hebben. Dat is, volgens Frères en Guillaume, overbodig.

Om was aan te brengen op de toplatten heb je weinig gereedschap nodig: een warmtebron, een pannetje met water om de was *au bain marie* op te warmen, een recipiënt voor de was, een oude koffielepel, een regel. De regel is een stuk hout met dezelfde lengte van de toplatten en 15 mm x 24 mm breed. In de lengte zitten aan één kant zit twee nageltjes, aan de beide uiteinden en op de halve breedte van een toplat. Laat wat koud water in de gootsteen lopen en leg er de regel in. Verwijder overtollig water en leg de toplat met de onderkant naar boven tegen de rand van de regel. De regel ligt nu tegen het midden van de toplat (Fig. 2.7). Het midden van de toplat moet droog zijn want anders gaat de was niet hechten. Houd de twee latten – de toplat en de regel – met één hand vast. Je creëert een V-vorm waarbij de meeste was op de regel kan terechtkomen. Laat het geheel naar één kant afhellen. Giet de was met de lepel in tegen de regel en laat de was aflopen. Als je dat enkele keren herhaald, vormt zich op de regel een laagje was van 2-5 mm dik dat vastzit aan de toplat. Als je het laagje was van opzij bekijkt zie je een strip met een hoogte van ongeveer 5-8 mm.

Fig. 2.6 Gereedschap voor
het aanbrengen van was

Als de was opstijft - en dat gebeurt al na enkele seconden - verwijder dan voorzichtig de regel. Er blijft een golvend muurtje was over in het midden van de toplat. Schraap alle was die zich op minder dan 10mm van de rand van de toplat weg zodat de toplat in de uitsparingen van de romp past. Herhaal dit proces met alle acht toplatten van elke romp die je wil gaan gebruiken.

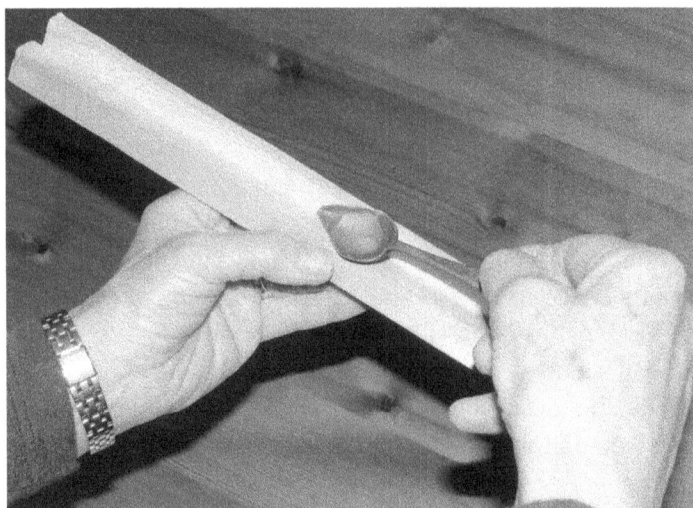

Fig. 2.7 Was aanbrengen
op een toplat

Voor grote hoeveelheden toplatten kan het handig zijn om de voorraad was in een kneedbaar recipiënt van bijvoorbeeld afwasmiddel *au bain marie* warm te houden. De was wordt dan heel eenvoudig uit dat recipiënt geknepen. Een mogelijk alternatief voor iets kleinere hoeveelheden is een stuk koperen waterleidingsbuis die aan één kant vernauwd is en kan worden gebruikt als een pipet. Dop de vernauwde kant in de was met je wijsvinger over het gat aan het andere uiteinde. Je kan dan de was heel nauwkeurig in de juiste hoeveelheid over de toplat laten lopen door het debiet te regelen door je vinger meer of minder op te heffen.

Warré adviseerde om de toplatten op een afstand (gemeten hart op hart) van 36 mm van elkaar vast te zetten met glasnagels zonder kop. De gesuggereerde

Fig. 2.8 Toplat met wasstarter-strip

afstanden vind je op fig. 2.5. Ik volg de richtlijnen van Warré maar ik gebruik nageltjes die ook worden gebruikt voor het maken van raampjes (20 x 1 mm) die ik zo'n 15 mm diep inklop, daar de kop van afnijp (draag oogbescherming!) en hen dan nog iets dieper klop. Gebruik geen dikkere nagels want dat bemoeilijkt het uitnemen van de toplatten. Om de juiste afstand te weten gebruik ik twee afstandhouders zoals te zien in fig. 2.9. Zo'n mal is makkelijker te maken in karton of papier. Sommigen plaatsen de toplatten op zicht.

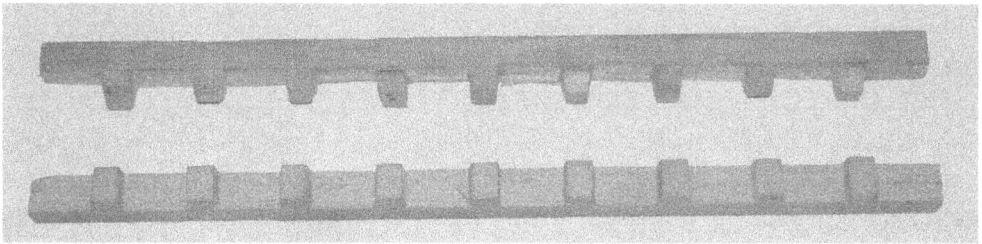

Fig. 2.9 Twee mallen voor het plaatsen van de toplatten op de juiste afstand

Ik zet de toplatten op voorhand vast zodat de gehele romp klaar is voor gebruik bij aankomst op mijn bijenstand. De latten vastzetten voorkomt ook dat latten van lagere rompen mee loskomen als je een hogere romp wegneemt. Nochtans maakt het vastnagelen van de toplatten het uitnemen ervan moeilijker bij een eventuele inspectie. Bovendien wil je soms de latten kunnen wegnemen omdat je voor het inbrengen van een volk in een kast (zie § 6.2.1.1) twee rompen nodig hebt waarvan de toplatten uit de bovenste verwijderd zijn en ze pas na hele operatie teruggeplaatst worden.

Sommigen fixeren hun toplatten op een minder definitieve manier door ze vast te zetten met bijenwas. Anderen maken gleuven aan de randen of boren gaatjes waarbij een nageltje zonder kop dat is vastgezet in de uitsparingen aan de bovenkant van de rompen de toplatten op hun plaats houdt. Nog anderen gebruiken gekantelde metalen afstandhouders. Die worden tegenwoordig op maat gemaakt voor Warré-kasten. Een lucifer, geprangd tussen de zijwand van de romp en het uiteinde van de toplat is nog een andere manier om die vast te zetten. Maar zelden worden de toplatten helemaal niet vastgezet, hoewel de bijen er na korte tijd met hun propolis zelf voor zorgen dat de toplatten komen vast te zitten. Het wezenlijke risico bij het niet vastzetten van de toplatten is dat ze kunnen verschuiven als er kort na de installatie een nieuwe romp toegevoegd wordt. Het is hoe dan ook een goed idee om de rompen te wegen mét de toplatten zodat we met dat gewicht rekening kunnen houden bij het wegen in een later stadium (zie § 9.3).

Fig. 2.10 Uitneembare
toplatten met nagels die
de juiste positie aangeven

2.2.4 Het afdekdoek en de voorbereiding ervan

Een uitstekend materiaal voor zowel het afdekdoek als het doek aan de onderkant van het kussen is jute, een ruw geweven stof die veelal in de verpakkingsnijverheid gebruikt wordt voor het verpakken van bijvoorbeeld pindanoten (voor dierenwinkels) of koffiebonen. Het wordt zo nodig gewassen[21]. Gebruik in elk geval zakken die voor etenswaren waren bestemd omdat de andere in veel gevallen behandeld zijn. *Heavy duty*-katoen – traditioneel zeildoek bijvoorbeeld – is een goed alternatief en het moet niet behandeld worden. Zo'n canvas heeft het nadeel dat de weefgaten soms te klein zijn voor de bijen om te ze dicht te stoppen met propolis of die net weer weg te halen om zo de controle over de ventilatie te regelen, een fenomeen dat zowel Warré als Frères en Guillaume beweren te hebben waargenomen. Ik heb het evenwel persoonlijk nog niet kunnen bestuderen met mijn afdekdoek uit jute.

Enkele Warré-imkers gebruiken geweven polypropyleendoek dat heel verscheiden toepassingen heeft: grondzeil, puinzakken, verpakking, enz. Hoewel ook dit materiaal "ademt", dat wil zeggen dat het luchtdoorlatend is door de grove weefstructuur, wordt er hiermee toch plastiek in de kast binnengebracht met bedenkelijke compatibiliteit voor de voedselveiligheid.

Soms bijten bijen kleine openingen in de afdekdoeken ook al werden ze behandeld zoals Warré aanraadt. Ik heb dat zelf nog maar weinig gezien en kreeg er ook van anderen maar zelden over te horen. Slechts in één enkel geval hadden de bijen zich door de beide doeken een weg gebeten en werd er materiaal uit het kussen langs de vliegopening onderaan naar buiten gesleurd! Als je bijen een ongewoon grote neiging tot het bijten van gaten vertonen moet je misschien toch je heil zoeken in de eerder vermelde polypropyleen doeken of nog beter tot stevig muggengaas dat je in een doe-het-zelf zaak koopt. Het is dit materiaal dat Jean-Claude Guillaume aanbeveelt in zijn boek dat heel invloedrijk is bij Warré-imkers in Frankrijk[22].

---

21 Was het niet in de wasmachine want het gaat rafelen en verstopt je trommel (*noot van de vertaler*).

22 zie voetnoot 18

Fig. 2.11 Behandelen van een afdekdoek

Warré raadt aan om het doek pas op maat van de romp te snijden nadat het behandeld werd. Ik vind dat niet nodig. Voor het behandelen word een papje gemaakt van bloem dat de bijen ervan weerhoudt om er gaten in te bijten. Meng 125 g volkoren- of rogge bloem met 10 g stijfsel (bijvoorbeeld maïzena) in een pan met 1.5 L koud water tot het helemaal is opgelost en geen klonters meer bevat. Breng al roerend aan de kook. Als het papje indikt zoals vleesjus, laat je het afkoelen. Plaats de jute op een niet-absorberende ondergrond. Breng de pap aan met een borstel of je vingers langs beide kanten van het doek. De opgegeven hoeveelheid volstaat voor 18 van dit soort doeken. Leg de vellen op een platte, niet-absorberende ondergrond te drogen. Binnenshuis zijn ze na een nacht droog, in de zon al na enkele uren.

Als de doeken droog zijn, zijn ze zo stijf dat ze rechtop blijven staan. Hoewel van de behandeling niets meer te merken is eens opgedroogd, wordt er toch beweerd dat bloem geen natuurlijk element is om met een bijenvolk in contact te brengen. Ik suggereerde ooit om het doek te drenken in bijenwas, hoewel ik dat alternatief zelf nog nooit uitgeprobeerd heb.

2.2.5 Het kussen

Warré's kussen was een vierkant van 335 x 335 mm wat hem toeliet het doek eronder aan de opstaande zijkanten vast te maken. Ik snij mijn doeken voor het kussen op dezelfde maat als het kussen (340 x 340 mm) en nagel of niet ze vast aan de onderkant van het kussen. Larry Garrett uit Indiana suggereert dat jute die langs alle kanten over het kussen uitsteekt een ventilerende functie krijgt en dat de schering en inslag van de stof een capillaire lont is van elk deel van de stof naar de vier buitenwanden van de kast. Dit doek behoeft geen speciale behandeling; het houdt enkel de isolatie op zijn plaats.

Soms gebruik ik geen doek onderaan het kussen maar vul ik een zak met isolatie die ik in het kussen prop. Die zak kan er makkelijk uitgehaald worden om een kleine voederbak bovenop de bovenste romp te zetten. Later kan die zak errond gedrapeerd worden om de hitte van de kast vast te houden.

De dikte van de wanden van het kussen hoeven niet meer te zijn dan 10 mm omdat het kussen enkel het dak ondersteunt. Het plantaardig materiaal dat voor de isolatie wordt gebruikt kan bestaan uit versneden stro, houtschaafsel, gedroogde bladeren, papiersnippers, wol, enz. Twee Warré-imkers uit de VS die met mieren te kampen hadden op hun bijenstand getuigen hoe schaafsel van rode ceder de mieren uit de kussens weghoudt.

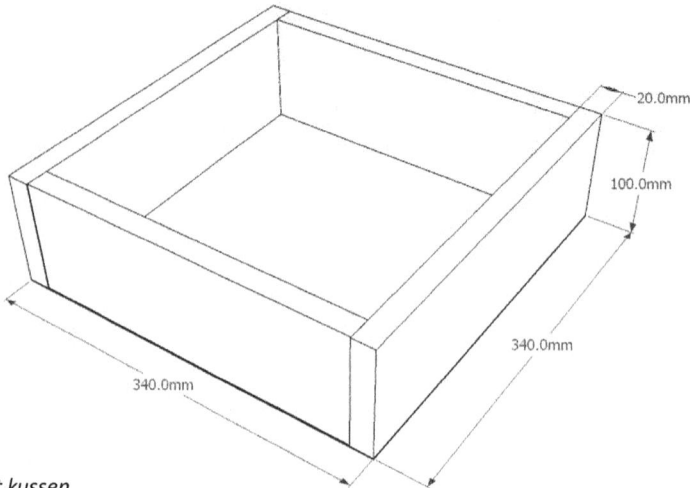

Fig. 2.12 Het kussen

In extreem koude gebieden van Canada wordt het kussen als ongeschikt bestempeld. Aangezien de temperatuur er vaak lang onder -20°C is en soms zakt naar -35°C kan het condensatievocht, dat vrijkomt bij de consumptie van en bij de stofwisseling van honing, opstijgen naar het kussen en er bevriezen, om bij de dooi in de lente op de bijentros te gaan lekken. John Moerschbacher, die onlangs verhuisde van Alberta naar Brits-Columbië, heeft om die reden het kussen vervangen door een houten voederbak met een centrale toegang. Alle stoom die er in opstijgt, condenseert onder het dak en druppelt in de bak waarin een watervoorraad voorhanden is, mochten de bijen die nodig hebben voor het verdunnen van honing tijdens de raatbouw in de lente.

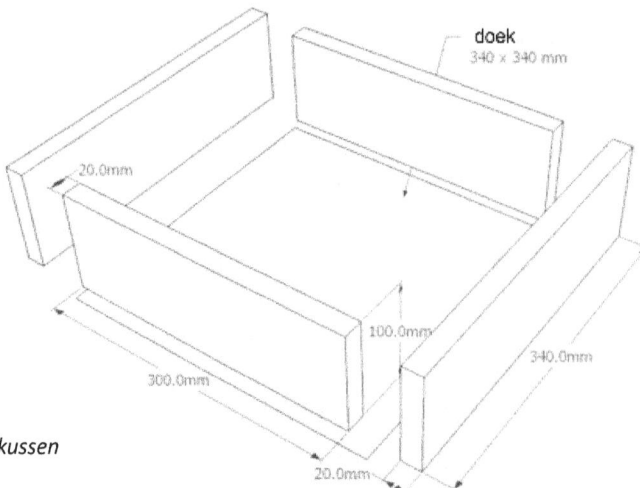

Fig. 2.13 Het kussen
– dissectie

2.2.6 Het dak

Dit is het minder eenvoudige van de twee soorten daken die Warré in *Bijenhouden voor iedereen* voorstelde. Het heeft een ventilatieruimte onmiddellijk onder het bovenste deel van het dak. Die dient om overtollige warmte van de zon af te voeren. Eronder bevindt zich een onderdak (een afdekplaat die binnendringende muizen tegenhoudt) dat rust op het kussen. Normaal gezien is er geen luchtstroom van het kussen naar de ventilatieruimte onder het dak.

Het onderdak zou kunnen worden gemaakt van losse planken met een minimum dikte van 13 mm. Sommige Warré-imkers zien nu en dan condensatievocht aan de onderkant van het onderdak. Aparte planken maken het mogelijk dat het condensatievocht verdampt doorheen de spleten. Als je één stuk hout gebruikt, overweeg dan om er enkele gaten met een opening van 3 mm in te boren.

Het voorbeeld dat ik hier beschrijf gebruikt hout met een dikte van 20 mm voor de buitenkant. Het is gebaseerd op de plannen van Warré zelf. Hout van slechts 13 mm is ook zeer geschikt en resulteert in een dak dat minder zwaar is om op te heffen. Er is een speling van 10 mm tussen de binnenkant van de opstaande randen van het dak en de buitenkant van het kussen.

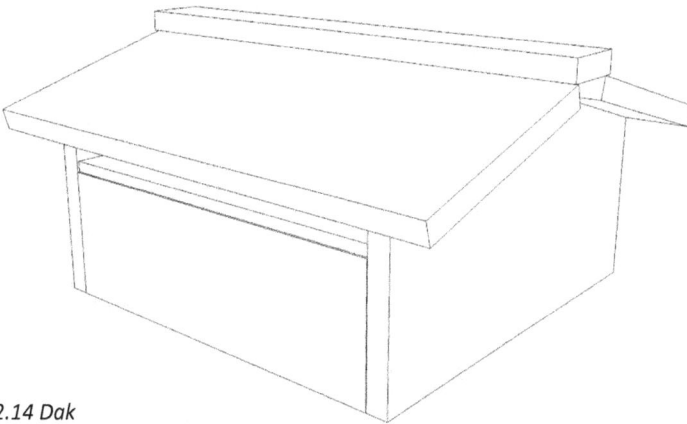

Fig. 2.14 Dak

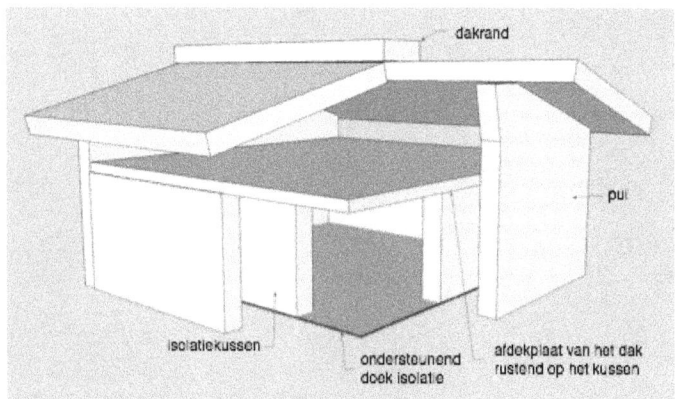

Fig. 2.15 Dak - dissectie

Dunner hout gaat sneller kromtrekken. Als dat wordt gebruikt voor de hellende delen van het dak kunnen ze aan de onderkant worden vastgenageld aan de lat die de nok van het dak vormt. Het geheel wordt op zijn beurt vastgemaakt aan de puntgevels opzij. Als de hellende delen aan de nok vastgenageld worden is er ook een betere verzegeling tegen regenwater.

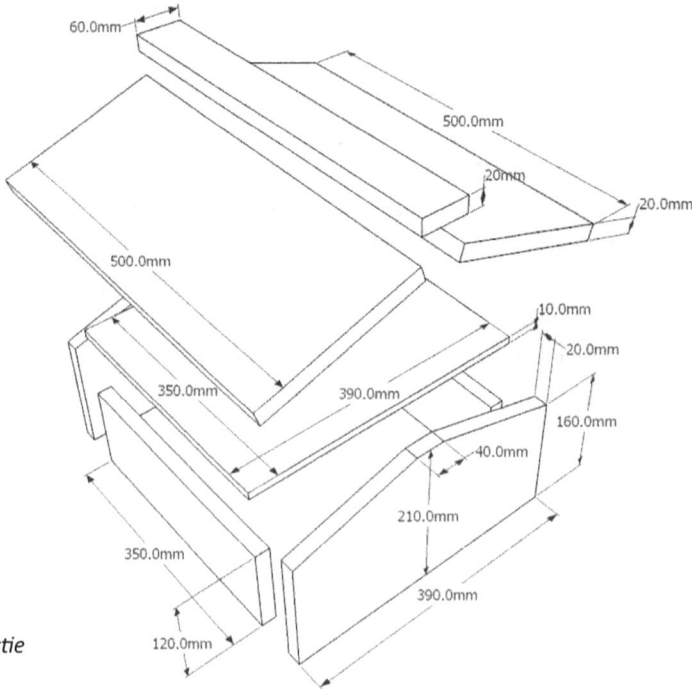

Fig. 2.16 Dissectie
van het dak

Fig. 2.15 toont de dissectie van het kussen in het dak. Merk op dat de onderste rand van het dak over de het kussen en de verbinding tussen kussen en de bovenste romp met het afdekdoek hangt. Zo wordt voorkomen dat er water in die verbinding binnensijpelt en in het afdekdoek of het doek onder het kussen trekt.

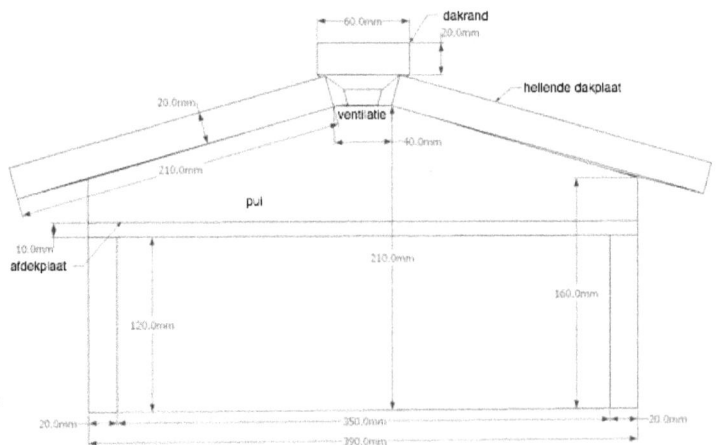

Fig. 2.17 Puntgevel-vormige
zijkant van het dak

2.2.7 De bodem

Warré raadt 15-20 mm dikke planken aan voor de bodem. Hij gaf geen specificaties voor de latten die de bodem ondersteunen.

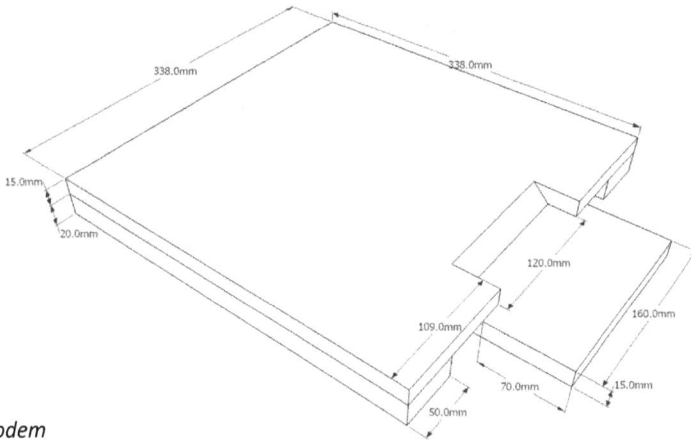

Fig. 2.18 Bodem

Een inkeping in de bodem doet dienst als ingang en is 40 mm diep (van voor- naar achterkant) bij kasten met een wanddikte van 20 mm. Als dat nodig blijkt kan de vliegplank helemaal naar de achterkant van de bodem doorlopen en zo een grotere stevigheid bieden. Ik schuur de vliegplank licht hellend zodat regenwater er af druipt.

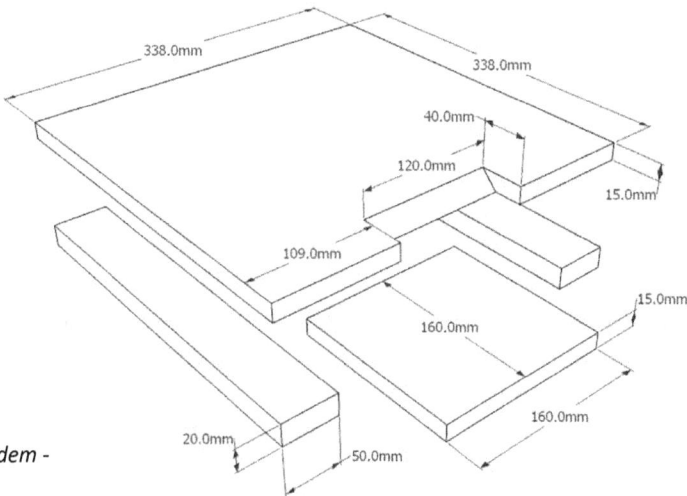

Fig. 2.19 Bodem - dissectie

Merk op dat de bodem rondom 2 mm kleiner is dan de rompen. Ook dat is een manier om regenwater te laten afdruipen.

2.2.8 Het onderstel

Alle vier de poten van het onderstel hebben een brede basis die voorkomen dat de kast in de grond verzakt en, erger nog, omvalt. Bovendien bereiken we zo een groter draagvlak dan de bodem breed is - zo'n 20-30 mm aan alle kanten - wat de stabiliteit ten goede komt. Enkele Warré-kasten zijn omgevallen omdat ze een onderstel hadden dat in zijn ontwerp van het origineel afweek. Als er een los onderstel wordt gebruikt uit houten steunen of betonblokken is het toch de moeite waard er voor te zorgen dat de hoeken aan de buitenkant iets breder staan dan de basis van de kastbodem.

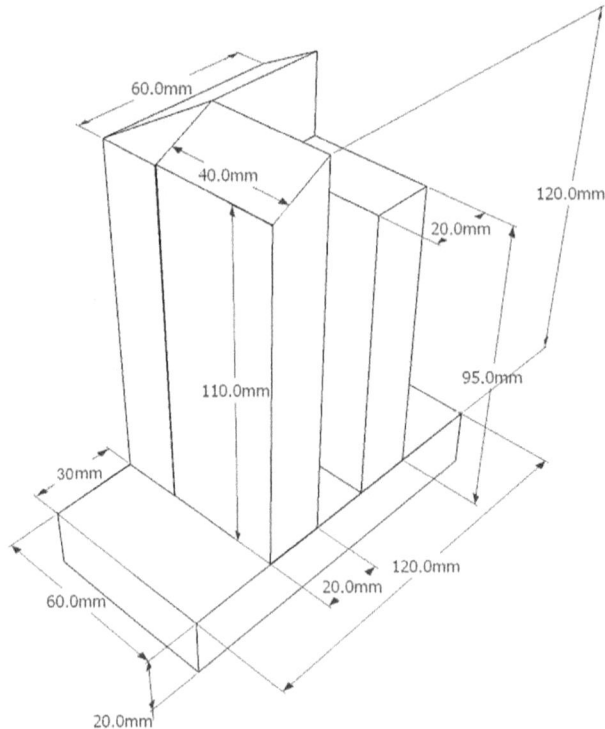

Fig. 2.20 Deel van het onderstel

Het onderstel maakt dat de ingang redelijk dicht bij de grond staat in vergelijking met de meeste andere kasttypes. Warré vond zo'n lage ingang belangrijk.

Bekijken we fig. 2.20: het is op de rechtse balk dat de onderkant van de bodem rust. De aflopende linkse balk is aan de zijkant van het onderstel genageld met minstens vier nagels. Het verschil in hoogte tussen de rechter en de linker balk bedraagt 25 mm en dat werkt bij een totale bodemdikte (bodem en steunlatten) van 35 mm. Als de totale bodem minder dik is dan 25 mm moet de rechterbalk in verhouding langer zijn. De onderstellen staan telkens in een hoek van 45° tegenover de vorige. Dat verhoogt de stabiliteit.

2.2.9 Romp met kijkvenster en afdekplaat

De Warré-rompen met een kijkvenster bekoren vooral beginnelingen maar eens men vertrouwd is met de dynamiek van een kast en met andere manieren om de evolutie

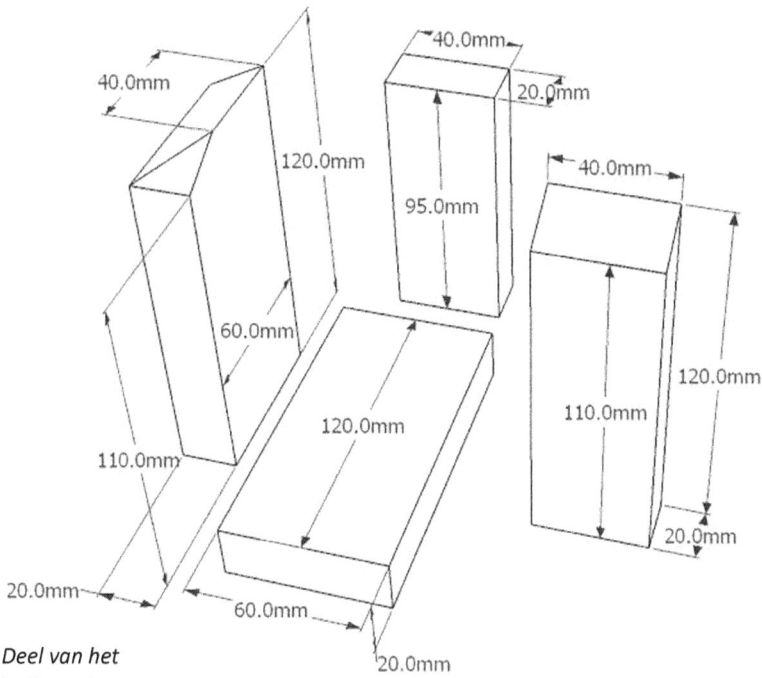

Fig. 2.21 Deel van het
onderstel - dissectie

op te volgen lijkt een kijkvenster minder nodig. Deze aanpassing van de Warré-romp is gebaseerd op het ontwerp van Frères en Guillaume23[23].

Sommige van hun beslissingen inzake interventies zijn gebaseerd op wat ze zien door de vensters aan de achterkant van de kast. Als ze bijvoorbeeld zien dat er bijna geen honing meer in de bovenste romp zit, weten ze dat de bijen het verhongeren nabij zijn. Het venster laat toe de evolutie van de raatbouw op te volgen. Eens een romp helemaal volgebouwd, valt er nog weinig te observeren door zo'n kijkvenster. Heel af en toe kan je de koningin zien paraderen en één keer zag ik hoe werksters een pasgeboren "prinses" hielpen om haar zusters in hun cellen dood te steken.

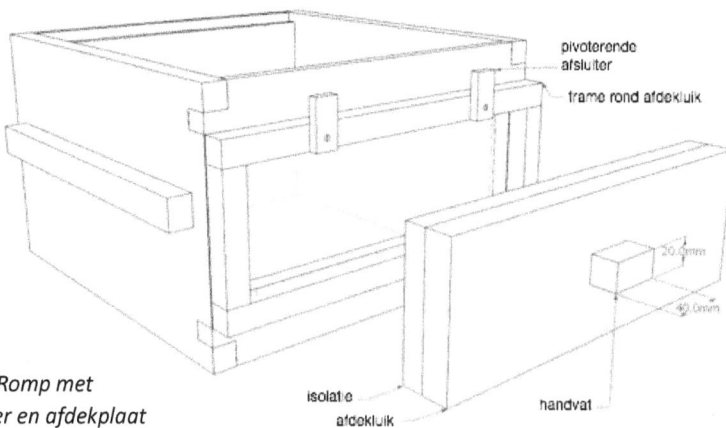

Fig. 2.22 Romp met
kijkvenster en afdekplaat

23 zie voetnoot 18

In plaats van kijkvensters in elke romp, die de kosten en de complexiteit bij het maken alleen maar opdrijven, kan men er voor kiezen om gaten te boren van 25-50 mm onderaan elke romp. Die kunnen worden afgesloten met een houten plug of een verschuifbare afsluiting als ze niet gebruikt worden. Sommige Warré-imkers sluiten ze af met een ronddraaiende afsluitschijf uit plastiek die ook zijn uitgerust met een koninginnenrooster en een ventilatiestrip (verkrijgbaar in de bijen speciaalzaak). Deze openingen vormen een extra ingang wat in sommige streken een pluspunt is. Hou er echter rekening mee dat elk van die ingang extra wachters veronderstellen.

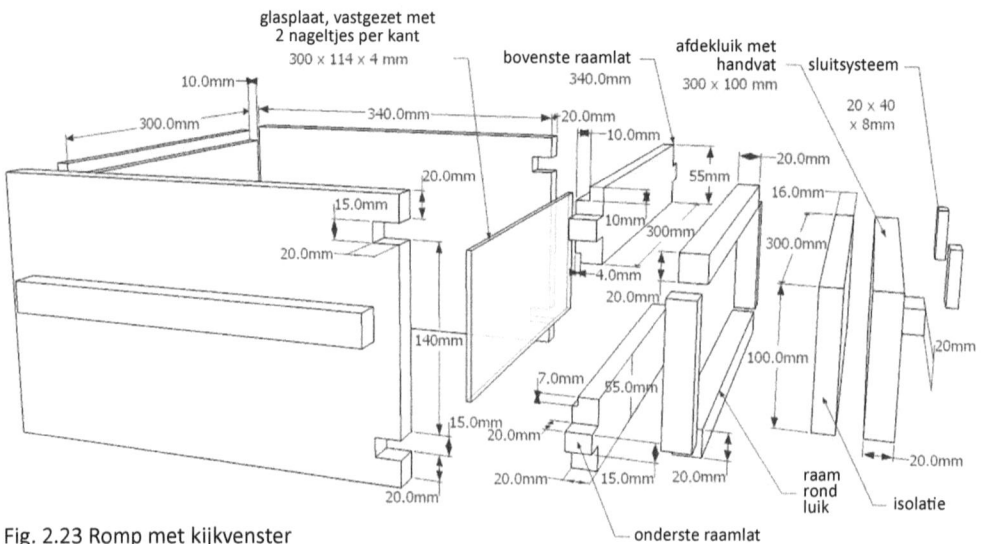

Fig. 2.23 Romp met kijkvenster
en afdekplaat – dissectie

De isolatie achter de afdekplaat moet tegen het glas aan zitten met een zo klein mogelijke speling rondom zodat ze toch makkelijk kan worden verwijderd. De diepte van de vensterholte komt exact overeen met de dikte van de afdekplaat en haar isolatie. Om te voorkomen dat de houten onderdelen vast komen te zitten als bij nat weer het hout zwelt, kan de afdekplaat langs alle kanten één millimeter kleiner worden gemaakt. Maak de kijkvensters in de winter niet open.

In deze versie zijn de latten rondom het kijkvenster aan de romp vastgemaakt met pin- en gatverbindingen. Verbindingen met drie nagels of twee schroeven kunnen natuurlijk ook.

2.3 Hoogsels, andere soorten bodems, sokkels en voederbakken

Een hoogsel, groot of klein, is een soort romp van een willekeurige diepte variërend van een paar centimeters tot de standaard diepte van een romp. Ze kunnen geplaatst worden boven of onder het broednest en bevatten bijvoorbeeld voederbakken, voederpasta of bestrijdingsmiddelen tegen varroa. In de meeste gevallen gebruikt een Warré-imker daarvoor een leeg kussen zonder het onderdoek.

Sommige Warré-imkers gebruiken een bodem die op één of andere manier afwijkt van de traditionele bodem. Zo kan er bijvoorbeeld een open bodem met een

Fig. 2.24 Bodem met rooster en controleschuif

rooster gemaakt worden voor het tellen van varroamijten. Omdat ik niet tegen varroa behandel heb ik lang geleden al opgegeven om mijten te tellen, maar zij die wel willen behandelen vinden zo'n bodem misschien nodig. Een probleem met dit type bodem is dat er hoeken zijn waar larven van de wasmot kunnen nesten zonder dat de bijen erbij kunnen. In streken geplaagd door de kleine kastkever kan een keverval in de bodem worden geïntegreerd.

Een veelzijdige bodem kan al die extra's verenigen: 1. een opening aan de achterkant; 2. een rooster met een controleschuif voor varroa; 3. voldoende ruimte om een camera, een spiegel of een zaklamp in de kast te schuiven om de evolutie van het volk op te volgen; 4. voldoende ruimte om een voederbak te plaatsen; 5. een afsluiting aan de achterkant zodat predatoren geen kans krijgen om de kast binnen te dringen. Dit alles verhoogt het risico op larven van de wasmot en maakt het onoverkomelijk dat kastafval van tijd tot tijd moet worden geruimd net omdat de bijen geen toegang hebben tot dat lagere deel terwijl ze met een traditionele volle bodem de boel zelf opruimen.

In plaats van een bodem die rust op het traditionele Warré-onderstel, plaatsen sommigen hun kasten op een kist met min of meer de zelfde diepte als een romp. Die rust dan weer op een betonplaat en samen vormen die een soort sokkel. Er is een gleuf in de onderste romp als ingang. Er is een vliegplank maar soms ook niet. Het idee dat daarachter ligt is om zo een binnenruimte te creëren die te vergelijken is met een holle boom. Mijten vallen dan dieper dan het niveau van de ingang. Zo'n sokkel (of vergaarbak, *noot van de vertaler*) heeft een toegang aan de onderkant die het mogelijk maakt afval op te ruimen, te voederen of de evolutie van een kolonie op te volgen.

Nog nooit vond ik het nodig om lange tijd een aangepaste bodem te gebruiken. Nochtans begrijp ik dat ze een langere tijd kunnen voorkomen dat er rompen moeten worden toegevoegd. Als de kast te zwaar wordt om ze in mijn eentje op te heffen gebruik ik een lift van het Gatineau-type (zie § 4.4).

bovenaan: achteraanzicht zonder de afsluiting

geopende achterkant

vliegopening

gesloten achterkant

Fig. 2.25 Bodem met een afsluitbare opening aan de achterkant

Omdat ik begrijp dat je lang vooruit wil plannen moet ik het hier ook even hebben over voederbakken. Ik ga er dieper op in in § 11.1. Warré heeft het zelf over een kleine voederbak voor de lente en een grote voederbak voor de herfst. Beide zijn uit hout gemaakt en vragen een afdoende kitting. Voor je met bijen begint moet je je eens beraden over hoe je met bijvoederen wil omgaan. Dit soort kast is op dat vlak erg flexibel en je kan ook perfect zonder één van de twee types die door Warré beschreven worden. Bekijk toch even de opties en bestel op voorhand het nodige materiaal.

2.4 Muizen- en roversschermen

Warré suggereerde om uit een vierkant conservenblik een plaatje te maken dat naargelang de plaatsing dienst doet als vliegopening-verkleiner in de winter, als muizenval of als roversscherm. Een muizenval moet zo klein zijn dat de schedel van een muis er niet door kan. In het algemeen is 7.5 mm ideaal. Mijn muizenschermen meten 7.5 x 140 mm en zijn gemaakt uit metaal van 1.5 mm dik. Er is langs weerskanten een klein gaatje geboord. Ik breng ze aan de bovenkant van de vliegopening aan door ze vast te zetten met punaises in het hout naast de vliegopening (zie Fig. 12.1 op p. 92).

Als de nood zich voordoet kunnen verscheidene items dienen als roversscherm: keien, houten blokjes, plukken gras, enz. Als een roversscherm nodig blijkt op hele warme dagen is het het best te maken uit stevig metalen gaas met fijne mazen zodat de ventilatie geen probleem wordt. Met zo'n scherm kan de vliegopening worden verkleind tot de breedte van één enkele bij.

2.5 Onderstellen en hun stabiliteit

Als je beslist om je kast niet van een of ander soort poten te voorzien heb je een onderstel nodig. Omdat enkele betonblokken eigenlijk volstaan, ga ik niet in op het ontwerp van mijn eigen onderstellen waarbij de vier hoeken uitsteken onder de bodem. Op die manier heb ik echter ook plaats naast de kast voor de basis van mijn lift. Mijn onderstellen rusten op een betonnen plaat. Warré becommentarieert hoe

Fig. 2.26

Fig. 2.27

Fig. 2.26

*Fig. 2.26 Eenvoudig
onderstel met enkele
betonblokken*

*Fig. 2.27 Onderstellen
in Zwitserland*

*Fig. 2.28 Zeer stevig
houten onderstel geschikt
voor het gebruik van
de Gatineau-lift*

"hij zag dat sommige onderstellen zijn gemaakt van een kader waarbij de hoeveelheid hout die wordt gebruikt zou volstaan om een volledige dubbelwandige kast te maken". Deze kritiek kan worden weerlegd als je gerecycleerd hout, houtafval en overschotten gebruikt.

Warré koos ervoor zijn vliegopeningen niet hoger dan 100-150 mm boven de grond te hebben. De mijne staan 300 mm hoog en ik heb die extra hoogte nooit als problematisch ervaren. Nooit werd één van mijn Warré-kasten omver gewaaid hoewel sommige ervan vijf rompen telden en onderhevig waren aan windstoten tot

120 km/u. Ik hoorde hoe in 2012, in Pennsylvania, een Warré-kast op 15 km van het oog van de orkaan Sandy bleef staan terwijl het dak van een naburige garage werd weggeblazen en Langstroth-kasten in de onmiddellijke omgeving een heel ander lot beschoren waren. Toch heb ik gehoord van drie incidenten waarbij Warré-kasten omver geblazen werden, dus het loont de moeite rekening te houden met stabiliteit en bescherming tegen hevige wind. In gebieden waar heel vaak extreme windstoten voorkomen gebruiken sommigen spanriemen om de kast aan het onderstel of de bodem vast te maken. Als je kast zes of meer rompen heeft kan je overwegen hem vast te maken aan een paal die in de bodem is geheid.

Volwassen kolonies in een Warré-kast zijn verbazend robuust. In januari 2012 viel een grote esdoorn op een van mijn bijenstanden. Twee kasten werden geraakt, een kast met ramen en een Warré. Alle twee de kasten werden van hun onderstel geslagen en lagen ondersteboven. Ramen uit de *National* lagen over de grond verspreid maar de Warré bleef intact met alle raat nog stevig op hun plaats en de twee rompen aan elkaar dankzij de propolisverbinding. Een jaar later is die kolonie nog steeds in leven.

2.6 Kaders en halve kaders

Sommige imkers vallen voor de kleine afmetingen van de Warré-kast maar verkiezen toch te werken met ramen of halve ramen in plaats van met toplatten. Vaak is dat zo omdat de overheid in de regio waar ze actief zijn een snelle inspectie eist. Ik heb zelf al horen beweren dat een kast met ramen ze nog bijvriendelijker maakt. Misschien gaat dat laatste enkel op voor imkers die de moeite, die de extra oplettendheid die het werken met toplatten vraagt, niet kunnen opbrengen.

Een versie met kaders is iets wijder dan de standaard kast om het extra volume die de kaders vereisen te compenseren en ze wordt beschreven in de 5de editie van het boek van Warré[24]. Ickowizc, een verdeler in Frankrijk, verkoopt zo'n versie met ramen. Halve ramen zijn een compromis tussen ramen en toplatten. De zijlatten zijn half zo lang als de zijlatten van de volle ramen en er is geen onderkant.

Ik werk in mijn *Kast voor het volk* zonder ramen, hoewel ik af en toe een niet al te gesofisticeerd zelfgemaakt raam op maat van mijn Warré-kasten inbreng voor de zogenaamde 'bijenruimte'. Dat doe ik vooral bij kolonies die ik recupereer uit nesten in gebouwen. Uitgesneden raat wordt met elastieken vastgezet in die raampjes. In dit boek, dat bedoeld is voor zij die met natuurlijke raatbouw willen werken, besteed ik dan ook geen verdere aandacht aan het imkeren met ramen.

Roger Delon, die stierf in 2007, heeft een soort compromis ontwikkeld: een toplat met een soort U-vormige constructie eronder, gemaakt uit fijne staaldraad. Het compromis bestaat erin dat de raat voorbij het kader kan worden gebouwd naar de onderliggende toplatten en naar de zijkanten van de kast toe en zo alle voordelen behoudt inzake nestgeur en -warmte en er toch op een veel gemakkelijkere manier raat kan worden gelicht zonder breuk.

---

24 Emile Warré, *L'apiculture pour tous, 5ième edition* (1923), Tours. http://warre.biobees.com/warre_5th_edition.pdf pages 60-71 vertaald naar het Engels door David Heaf. Zie ook de JPEG beelden van de ingescande illustraties uit het originele boek op http://ruche.populaire.free.fr/apiculture_pour_tous_5eme_edition/.

3. Een goede standplaats voor je kast

Maak je eerst en vooral vertrouwd met alle wetten en verordeningen die gelden voor het gebied waar je een kast wil plaatsen. Heb het vervolgens over je plannen met familie en buren. Ik had buren van mijn bijenstanden die het fantastisch vonden om de bijen bij hen in de buurt te hebben terwijl andere er doodsbang voor waren.

Het hoeft geen uitleg waarom er voldoende drachtplanten in de buurt moeten zijn. In het Britse laagland is dat zeker het geval. Maar in 2012 bleek dat, in bijvoorbeeld Londen en New York, door een toenemend aantal hobby-imkers, het aantal bijenkasten een niveau had bereikt dat onmogelijk nog door een stedelijk areaal aan drachtplanten kon bediend worden. Rond oktober 2012 waren er zo'n 3000 kasten in het centrum van Londen. Het is daarom overal verstandig enig voorafgaand onderzoek te doen naar de dichtheid van de bijenpopulatie en mogelijke concurrerende bijenstanden.

Gangbare standplaatsen zijn tuinen, achtertuinen, platte daken, volkstuinen, de randen van weides (afgezet tegen het vee) en verlaten stukken land. Muren, hekkens, horden en/of (wind)schermen kunnen helpen om de vliegrichting in de gewenste richting te sturen en om de bijenkast tegen de wind te beschermen. De vliegrichting in de onmiddellijke omgeving van de vliegopening ligt het best ver van doorgangswegen of plekken waar mensen frequent passeren. Door die daar niet te plaatsen kan je, als je dat wilt, onbekommerd je kast openen op zonnige dagen als alle andere mensen ook een buitenactiviteit kiezen. Als je kast bovendien ietwat aan het zicht onttrokken staat, is er minder kans dat ze het doelwit van vandalen of dieven wordt.

Hier, in het ruige, natte en winderige westen van Wales, met zijn zomers gekenmerkt door hele lange periodes van bewolking, heb ik mijn kasten op de zonnigst mogelijke posities geplaatst. In een warm klimaat kan directe blootstelling aan de (middag)zon schadelijk zijn voor een kolonie. Woon jij in zo'n gebied, voorzie dan volledige of gedeeltelijke schaduw voor je kast. Denk eraan dat bijen in boomholtes worden beschut door dikke wanden en een schaduwrijk bladerdak. Maar het andere uiterste is ook niet goed: een vochtig, donker, smerig hoekje is niet goed voor de gezondheid van een kolonie. "Bees in a wood never do any good"[25] is een

---

25 Bijen in een bos is zelden een goede zaak

oud spreekwoord onder imkers in het VK. Ik heb het uitgetest. Goede verluchting en waterverdamping zijn essentieel. Ik hoorde uit verschillende bronnen over kolonies die verloren gingen door verdrinking, dus daar moet ook rekening mee gehouden worden. Vermijd ook vorstgevoelige plekken.

Over de beschikbaarheid van water hoef ik me niet al te veel zorgen te maken, maar op vele andere plekken in de wereld kan het een pijnpunt zijn voor de overlevingskansen van een kolonie. Bijen moeten over water kunnen beschikken om hun voedsel aan te lengen én om de tros af te koelen bij warm weer. Moet je zelf in een watervoorraad voorzien, draag er dan zorg voor dat die niet droog komt te staan. Elk recipiënt kan dienst doen als drinkbak als hij maar gevuld is met keien of ander materiaal waarop de bijen kunnen landen en ze niet verdrinken. Om de kans op infecties door uitscheiding te verkomen plaats je de drinkbak best op een schaduwrijke plek, op een redelijke afstand van een kast en weg van de vliegroute.

Probeer je bijenstand te beperken tot drie kasten en wel om twee redenen: het voorkomt dat de bijen gaan stressen door concurrentie over de beschikbare drachtplanten en omdat van populaties die dicht opeen gepakt staan wordt gezegd dat ze gevoeliger zijn voor plagen en ziekten. Dat is zo bij alle dieren en bijen vormen daarop geen uitzondering. Als er in de buurt nog andere bijenstanden zijn, overweeg dan om minder dan drie kasten te installeren of vind een andere plek.

Ik heb al mijn kasten op gerecycleerde stoeptegels gezet die ik in de grond ingewerkt heb zodat ze niet alleen horizontaal rechtop maar ook waterpas staan. De stoeptegels vormen een hele stevige basis waarop het onderstel staat. Omdat ik al mijn kasten oriënteer met de vliegopening ergens tussen het oosten en zuiden en ik zo de bijen prikkel bij het eerste ochtendgloren, hou ik daar al rekening mee bij het inwerken van de tegels. Als de kast er staat, controleer ik nog eens of die mooi loodrecht staat. Een kast die loodrecht staat garandeert dat de gebouwde raat ook recht is ten opzichte van de wanden én er wordt vermeden dat voederbakken aan één kant lekken als ze vol zijn en de kast naar een kant helt. Enkele caleerlatjes kunnen kleine afwijkingen opvangen.

Overweeg bescherming voor je kasten. Je bijenstand moet van vee worden afgeschermd. Schapen durven tegen een bijenkast aan te schurken en kunnen winterende bijen verstoren of zelfs rompen omvergooien. Spechten, ratten, dassen, stinkdieren, beren, enz. zouden een kast kunnen zien als een kant-en-klare maaltijd. In de meeste gevallen is een gaasnetten kooi rondom de kast voldoende. Als spechten een probleem zijn in je omgeving kan je een net over je kast spannen zodat ze niet bij de wanden kunnen met hun snavel. Ravage van stinkdieren en dassen voorkomen vergt een kloekere afwering; een metalen gaas met een dikkere draad bijvoorbeeld. Maar een afdoende bescherming tegen beren zou je wel eens een fortuin kunnen kosten om het imkeren betaalbaar te houden. En wie weet hoeveel bijen we in de zomer verliezen door hongerige zwaluwen?

Fig. 3.1 Enkele Warré-kasten in een hoek van een weide, afgeschermd voor het vee

4. Persoonlijke bescherming en imkergereedschap

4.1 Bescherming

Veel imkers starten hun carrière met de hoogst mogelijke bescherming - sluier, imkerpak, handschoenen, laarzen - en als ik mijn kasten open draag ik in de regel nog altijd de hele outfit. Er zijn nochtans vele meer ervaren imkers, en dan vooral bij de natuurimkers, die alle handeling aan hun volkeren uitvoeren zonder ook maar enige bescherming[26]. Ze beweren dat de 'overalls van het chemisch afvalbedrijf' een te grote barrière vormen tussen de imker en de bij, wat resulteert in minder gevoel voor haar stemming en bedoelingen. Handschoenen beperken inderdaad het nodige 'voelen' bij het manipuleren van raten vol bijen, maar naar mijn mening is dat geen onoverkomelijk punt zolang je je maar bewust bent van het reële risico dat je bijen kan verpletteren. Een rondvraag in het VK heeft aangetoond dat het meest gebruikte soort handschoen poetshandschoenen in latex zijn. Ze combineren het gemak om te worden gewassen met een minimaal verlies aan gevoel en de ultra-dunne, nauw aansluitende variant gemaakt uit nitril is zelfs nog beter. Als je wordt gestoken door een latex handschoen heen kan die heel makkelijk van de huid worden getild en in de meeste gevallen komt de angel dan al mee naar boven waardoor je de dosis bijenvergif verkleint. Heel wat minder gevoel heb je met katoenen handschoenen met een plastieken of lederen coating.

Veel handboeken adviseren om lichtgekleurde kledij te dragen op je bijenstand omdat donkere kleuren en dan vooral kleren uit wol een hogere defensiviteit in de hand werken. Ik heb doorgaans mijn marineblauwe plunje aan als ik mijn bijen bezoek en dat lijkt de bijen niet te storen. Nog een gangbare raadgeving is om geen parfum te dragen.

---

26 Interessante lectuur daarover zijn Jack Bresette-Mills, *Sensitive Beekeeping. Practising Vulnerability and Nonviolence with your Backyard Beehive*, Lindisfarne Books, 2016 en hoofd-stukken uit Jacqueline Freeman, *The Song of Increase. Returning to Our Sacred Partnership with Honeybees*, Friendly Haven Rise Press, 2014 (*noot van de vertaler*)

Ik draag een jas met een vastzittende sluier voor courante handelingen en een volledige overall met sluier voor meer intensieve ingrepen. Vele imkers stellen zich tevreden met een jas met een elastiek om de middel over hun broek. Het dragen van laarzen is in de zomer zelfs voor korte tijd héél onaangenaam. Lederen veiligheidsschoenen zijn al iets beter te verdragen. De elastieken aan de onderkant van de pijpen van een imkerpak sluiten er mooi over aan. Zoals ik al vermelde in hoofdstuk 1.5 is het aan te raden een sluier te dragen als je aan de bijen werkt, om het risico op oogaandoeningen te vermijden. Er bestaat heel goedkope combinaties van een hoed en een sluier. Zwart gaasdoek als een alternatief is heel makkelijk te verkrijgen. Het kan over een hoed heen worden gedragen en past in elke broek- of jaszak. Toch zijn er sluiers en sluiers. Ik heb al gemerkt dat de rechthoekige mazen van de sluier bij pakken met de 'Engelse kap' minder transparant zijn dan het dunnere, zeshoekige patroon van het meer traditionele pak met een ronde hoed. Als je gaat zoeken naar eitjes in de cellen kan dat belangrijk zijn.

4.2 Gereedschap

Een middelgrote *roker* uit roestvrij staal met een hittewerende bescherming er omheen en een *imkerbeitel* zijn onmisbaar gereedschap. Van de beitels vind ik het model met aan de ene kant een platte beitel en aan de andere kant een afgeronde schraper interessanter dan het J-vormige model. Het slankere J-vormig model is desondanks handig voor het lospeuteren van toplatten die vastgenageld werden nadat ze eerst losgesneden werden van de zijkanten (zie onder). In handboeken werd al veel geschreven over rokers, hoe ze moeten worden aangestoken en aan de gang worden gehouden. Ik voed de mijne met afval- of rot hout dat lang op voorhand werd gedroogd. Het hout moet makkelijk te breken zijn met de handen. Gebruik stukken tot 50 mm lang. Ik steek een beetje houtschaafsel aan met een gasvlam en gooi ze in de roker. Vervolgens gooi ik enkele stukken hout in de roker en ik wakker het vuur aan met de blaasbalg. Een keer ik een mooie vlam heb, sluit ik het deksel en geef nu een dan een luchtstootje met de balg. Kies voor verse, witte en dikke rook en vermijd hete, blauwe en knetterende rook. Steek de roker sowieso aan voor je je sluier aantrekt.

Droog krantenpapier ontbrandt ook makkelijk. Andere dankbare materialen: droge bladeren en dennennaalden. Voorkom het gebruik van brandversnellende additieven en hou rekening met voorschriften voor brandgevaar in de buurt van je bijenstand. De roker kan worden uitgedoofd door gras in de tuit te proppen. Denk eraan af en toe met je beitel vuuraanslag te verwijderen, bij voorkeur als de roker nog warm is. Het eerste wat kapot gaat is de blaasbalg. Ik heb die van mijn succesvol gerepareerd met de binnenband van een auto.

Het heeft zin je roker, brandstof en aansteker mee te nemen naar je bijenstand ook al heb je ze misschien niet nodig. Haast zelden steek ik de roker aan bij het bijzetten van rompen of voor een inspectie aan de onderkant. Voor meer intensieve ingrepen zoals het inbrengen van een kolonie is het wijs de aangestoken roker binnen handbereik te hebben ook al plan je niet om hem te gebruiken. Sommigen raden aan om de bijen sowieso te beroken bij om het even welke ingreep, omdat dit het alarmferomoon afzwakt en zo elke reactie van de bijen voorkomt. Ik vind dat niet nodig. Er is veel te zeggen ten gunste van een kalme, beredeneerde, doelmatige, zachte en trage manier van handelen, waarbij je heel attent bent voor de stemming van de bijen en je ingreep in de tijd beperkt als de bijen van in het begin "Nee!" zeggen.

Imkerborstels, vooral degene met synthetische haren, lijken bijen te irriteren. Een veer of zelfs een volledige vleugel van een gans volstaat en is bijvriendelijker. (Als ik het later heb over de 'borstel' of over 'borstelen' gebruik ik die woorden omdat 'vleugelen' nog niet tot het imkersjargon doorgedrongen is.)

Drie werktuigen die heel specifiek zijn voor het imkeren met een Warré-kast zijn het raatmes, de kaasdraad en de raatstandaard. Het Warré-raatmes – voor het eerst becommentarieerd door Bill Owen uit Oregon – met zijn lemmet dat in een rechte hoek op het heft staat, is, naar ik weet, niet te koop[27]. Evenmin wordt het vermeld in Warré's boek. Men kan zich afvragen of Warré ooit één enkele raat uit een romp van zijn *Kast voor het volk* heeft gehaald. De eerste Warré-raatmessen werden gemaakt door een stalen lemmet en heft aan elkaar te lassen. Later werden ze met de laser uit stalen platen uitgesneden. Een raatmes kan ook zelf worden gemaakt uit een stalen saté (of kebab-) pin. Mogelijks moet je het verhitten tot een zeer hoge temperatuur om het uiteinde te kunnen ombuigen.

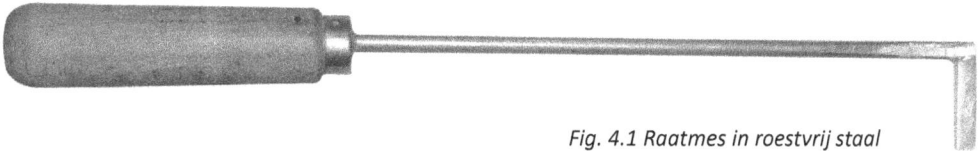

Fig. 4.1 Raatmes in roestvrij staal

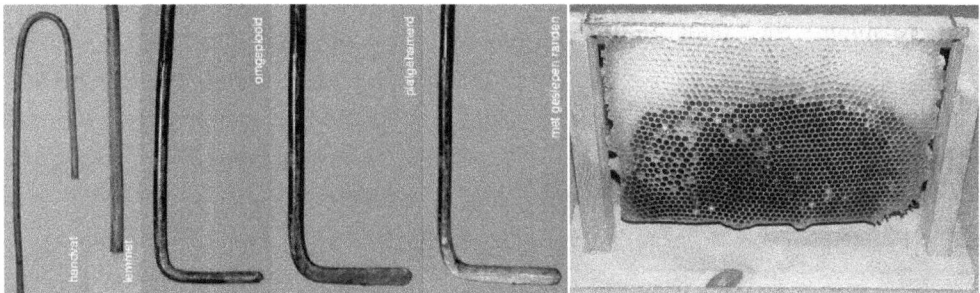

Fig. 4.2 Zo maak je een raatmes uit een staaldraad

Fig. 4.3 Raatstandaard

Het werktuig hoeft evenwel niet uit roestvrij staal te zijn en kan ook worden gemaakt met een stevig stuk ijzerdraad van pakweg 4 mm zonder dat het verhit wordt. Snij een stuk op een lengte van 450 mm en plooi de uiterste 25 mm om in een rechte hoek. Dat korte stukje wordt het eigenlijk lemmet. Plaats het L-vormig stuk ijzer in een werkbank en hamer het korte stuk plat naar een dikte van 2 mm aan één zijde en 5 mm aan de andere. Vijl het lemmet in een rechte hoek en scherp de *bovenkant* (de zijde aan de kant van de lange steel). Zo'n 100 mm van het uiteinde aan de andere kant plooi je de stang om in een boog van ongeveer 30 mm breed. Dat vormt het handvat. De

27 Ondertussen is dat wel het geval. Het raatmes wordt bijvoorbeeld online verkocht door Beethinking: https://www.beethinking.com/products/ultimate-top-bar-hive-tool. Aan de ene kant zit het befaamde raatmes; aan de andere kant een platte beitel (*noot van de vertaler*).

boog staat in de zelfde richting als het lemmet zodat het makkelijk is om de oriëntatie van het mes te kennen als het tussen de raten en de bijen ingebracht wordt.

De raatstandaard is een eenvoudige standaard waarop de raat met haar toplat rust (Fig. 4.3). Sommige toplatimkers plaatsen tijdens de inspectie de raten op een schildersezel of een gelijkaardige constructie. Een schildersezel kan in een bepaalde helling geplaatst worden zodat de klassieke opstelling waarbij de zon over je rug op de raat schijnt bereikt wordt. Het versnelt een inspectie.

Een *kaasdraad* en twee kleine wiggen kunnen soms heel nuttig zijn. Als de raat in een romp verbonden is geraakt met de toplatten van de romp eronder, wordt de kaasdraad aan de onderkant van de romp die we willen bekijken door die bevestiging heen getrokken zodat beide rompen van mekaar losgesneden worden. Hoewel je een kant-en-klare kaasdraad kunt kopen, kan hij ook makkelijk zelf gemaakt worden. Je hebt twee stevige handgrepen nodig, die je bijvoorbeeld uit een oude borstelsteel zaagt, en een stuk heel stevige, dunne staalkabel met een lengte van om en bij de 500 mm. Ik recupereer hiervoor rem- of versnellingskabels van een fiets. Maar ook dunne pianosnaren of snaren van een ander instrument kunnen dienen, net zoals nylon snaren of de staaldraadjes die worden gebruikt om ramen te bedraden. Hoe dunner de draad, hoe scherper hij snijdt. Het is verstandig een tweede kabel bij de hand te hebben voor het geval de eerste breekt.

De *wiggen* worden gemaakt uit hout van 25 x 100 mm en zijn aangescherpt van 13 mm aan de ene kant tot 0 mm aan de andere. Twee imkerbeitels zijn een alternatief voor de wiggen.

Ander gereedschap dat op bepaalde momenten van pas kan komen, zijn een spiegel, een kleine zaklamp, een camera, een hangweegschaal (met een veer of een elektronisch model). Een goedkope digitale weegschaal om bagage te wegen maakt het bepalen van het gewicht van een bijenkolonie een makkelijke klus. Ze hebben een haak of een lus of allebei. Je plaatst de haak onder één van de handvatten van een romp en door die niet meer dan 3 mm op te lichten kan er een weging worden uitgevoerd van één of meerdere rompen. Let erop te wegen aan beiden kanten van de romp en bereken het gemiddelde van de twee waarden. Als je dat wil gaan doen, weeg dan eerst een lege romp die wel al de 8 toplatten heeft.

4.3 Imkergereedschap checklist

Basismateriaal: roker, brandstof en aanmaakmateriaal, aansteker of lucifers, imkerbeitel, veer of borstel, raatmes, raatstandaard, kaasdraad, wiggen, notitieboekje, romp-standaard (Fig. 7.2).

Uitbreiding: spiegeltje, zaklamp, weeginstrument, water- of siroopverstuiver, geperforeerde krant, koninginnenclip, mal voor het bepalen van de aftanden tussen de toplatten, handschoenen, eerste hulpkit, scherp mes/schaar, vliegopeningverkleiner, punaises, elastieken, snaren, tape, snoeischaar, korf of zwermlokkast,...

4.4 Liften

Het lijkt erop dat Warré de luxe had om ten allen tijde met een assistent te kunnen werken. In de vroegste edities van zijn boek worden de vele manipulaties die hij en zijn assistent uitvoeren immers geïllustreerd met hoogst charmante foto's[28]. Maar als jij geen assistent hebt en je moet aan verschillende bijenkasten werken dan wil je vroeg of laat een lift. Als dat buiten je mogelijkheden ligt, kan ik verzekeren dat alle handelingen - ook het toevoegen van rompen langs onder – ook in je eentje kunnen worden uitgevoerd (zie § 7.2, 8.1 en 8.2). Liften op maat van de Warré-kast zijn niet in de handel te koop. Maar omdat ze door handige harry's gemaakt kunnen worden uit makkelijk te vinden onderdelen, heb ik er hier twee beschreven.

Elke romp is voorzien van hele stevige handvatten dus leek het opportuun om een lift te ontwerpen waarbij met de lift de kast kan opgelicht worden via die handvatten. Deze lift, waarvan het eerste ontwerp wordt toegeschreven aan Marc Gatineau, werkt volgens het principe van de Franse guillotine. Een plank glijdt verticaal in twee gleuven en wordt opgelicht via een lier. Zowel de plank als de gleuven zijn royaal ingewreven met bijenwas om elke mogelijke wrijving te voorkomen. Op de plank zijn twee uitstekende vorken bevestigd en de kast past daartussen. De kast kan worden opgelicht aan de onderste romp of aan elk van de tussenliggende rompen. Ik beschrijf ook een model waarbij de basis rust op de handvatten van de onderste romp. Die is kleiner en dus lichter dan de grote variant van de Gatineau-lift.

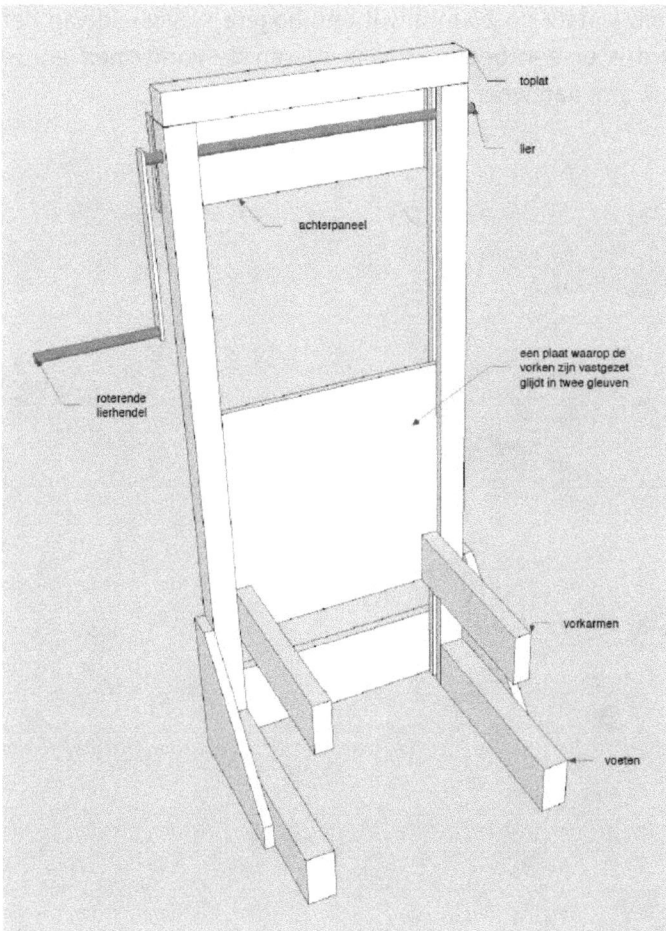

Fig. 4.4 Warré-lift naar het ontwerp van Gatineau (hijssysteem weggelaten)

28 zie voetnoot 24

4.4.1 De Gatineau-lift voor de Warré-kast

De exacte afmetingen van de lift worden helemaal bepaald door de dikte van het beschikbare hout en door de breedte van de kast zelf. Het volstaat te vermelden dat de opstaande poten, de voet, de vorkarmen en de bovenste lat ongeveer 50 mm dik zijn en de hefplank zelf ongeveer 13 mm. De opening tussen de twee vorkarmen bedraagt de breedte van de romp (340 mm) met aan weerskanten een speling van 8-10 mm.

Het vastzetten van de vorkarmen op de glijdende plank verdient speciale aandacht. Onderaan de glijdende plank van 13 mm is aan de achterkant een tweede strip hout van 412 x 200 x 13 mm gelijmd en geschroefd. Die plank is afgelijnd aan de onderkant van de glijdende plank en geeft zo meer steun ter hoogte van de vorken.

De vorkarmen zelf zijn perfect vierkant verzaagd en geschaafd en op de glijdende plank gelijmd onder een rechte hoek. Haakse blokken helpen om de juiste hoek te krijgen. Eens de lijm droog, worden per vorkarm nog eens twee vijzen van 100 mm lengte langs achter door de twee planken geschroefd. Op voorhand zijn daartoe twee gaten geboord. De kop van de schroeven liggen verzonken in de plank. De schroeven zijn 6 mm dik en ze zijn ingewreven met houtlijm voor ze in de gaten gezet worden om elke mogelijke speling te voorkomen. De extra plank onderaan de glijdende plank brengt de totale dikte van die laatste op 26 mm wat een hogere stevigheid van het geheel garandeert. Uiteraard is er een beetje speling tussen de vorkarmen en de opstaande geleidingslatten. 1 mm aan weerskanten is genoeg.

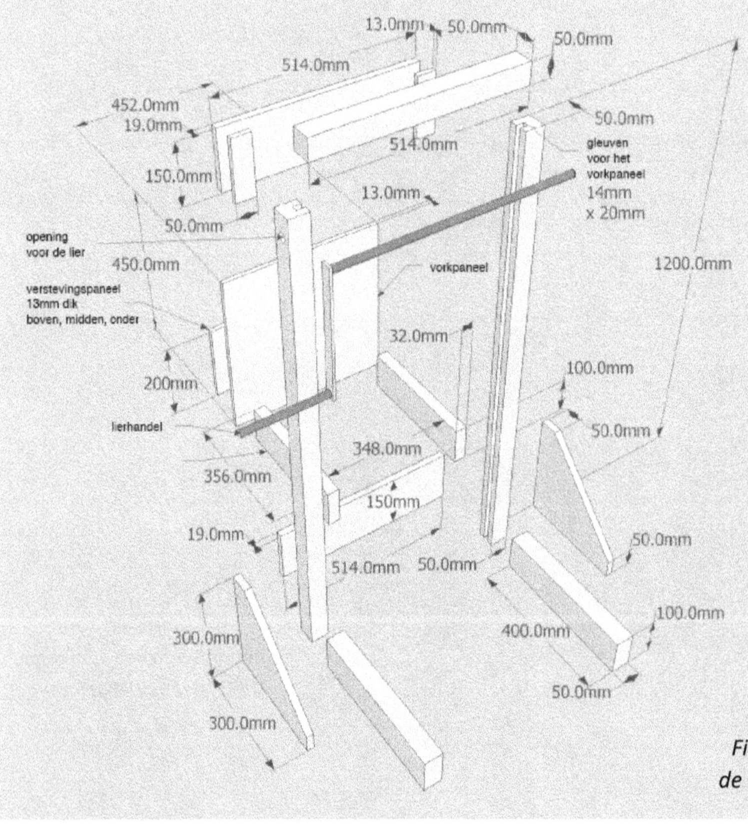

Fig. 4.5 Weergave van de Warré-lift – dissectie

Er zijn andere methodes om de vorkarmen vast te zetten: stevige steunen voor boekenplanken (Andy Collins, UK; Steve Ham, Spanje) of T-scharnieren (Bill Wood, USA).

De bovenste katrol zit vast aan de toplat van de lift en de onderste katrol aan het guillotinebord met de vorken. Het koord dat de twee verbindt, is vatgemaakt aan de as van de lier. Katrollen zijn niet strikt nodig maar ze maken het takelen van een grote, van honing zware kast makkelijker en ze laten het toe dat de opwaartse beweging ten allen tijd kan onderbroken worden zonder dat zwengel moet gezekerd worden. Loopt je lift heel soepel, voorzie dan ook een blokkeersysteem voor de lier. De toplat van het toestel bestaat uit een draagbalk en een verstevigende lat die mits twee blokjes een opening van 13 mm laat waarin de verbindingskoord tussen lier en guillotine vrij loopt.

De lier en de zwengel kunnen gemaakt worden uit een stalen pijp gerecycleerd uit bijvoorbeeld een auto, een mangel, een afgedankte honingslinger, enz. Om de levensduur van de dragers van de lier te verlengen kunnen worden ze voorzien van stalen smeerborstels en flink wat vet.

Er werd niet gelet op het gewicht van de lift en die is ook nogal aan de zware kant (12 kg) maar het geheel kan wat lichter worden door hier en daar een paar millimeters weg te nemen aan de opstaande stijlen, de top, de voet, de achterkant en de driehoekige verstevigingen aan de basis. De plank die de vorken draagt moet echter niet dunner zijn dan 13 mm.

Handige aanvullingen aan de lift zijn wielen en een weegschaal. Om accuraat te kunnen wegen moet de vorkplank in een soort kogellagergleuf vallen die frictie vermindert. Een systeem waarbij de breedte tussen de vorken aan te passen is zou de lift geschikt maken voor diverse kastdiktes. Er staat een voorbeeld van een heel brede lift op de Engelse website van Warré-imkers[29].

4.4.2 De mini-lift
Deze versie kan alle rompen heffen als de voet rust op het onderstel of enkele rompen als de voet rust op de handvatten van de romp direct onder de romp(en) die moeten

Fig. 4.6 Stalen mini-lift

---

29 http://warre.biobees.com/lift.htm

worden geheven. De verzegeling tussen hogere rompen moet toch soms gebroken worden als de bovenste rompen moeten gewogen worden om de omvang van de wintervoorraad in te schatten. Het gebruik van kogellagers betekende een serieuze verbetering van de Gatineau-lift waar de vork-plank traditioneel in houten geleiders loopt. Ook voor de nauwkeurigheid van het wegen is dat een aanzienlijke verbetering. Het heffen wordt gerealiseerd met een eenvoudige handlier en dat komt de lichtheid ten goede en maakt de lift compacter. Een aangekochte lier kan worden vervangen door een zelf-te-bouwen exemplaar maar die zijn meestal weer groter en zwaarder. Deze lift weegt 4.2 kg en tilt 60 kg.

Andy Collins uit het VK heeft een eigen lift gemaakt met verstelbare steunen voor de voeten gemaakt uit boekenplankenhouders. Hij beperkt frictie door het gebruikt van keukenladen-geleiders. Zijn versie heeft de vorken weliswaar niet onmiddellijk boven de voeten en kan daarom niet op de handvatten rusten.

Fig. 4.7 Mini-lift met laden-geleiders, boekenplankensteunen en een weegschaal

5. Hoe kom je aan bijen?

Warré adviseerde de *Kast voor het volk* te bevolken met een zwerm van 2 kg of meer. Niettegenstaande dat advies werden in de VS veel Warré's succesvol bevolkt met aangekochte volken van slechts 1 kg. Zo'n aangekocht volk is een kunstzwerm met een koningin en wat suikervoeding, aangeboden in een kist met een ventilatierooster. In dit hoofdstuk heb ik het over bijenvolken op of zonder raat.

Een Warré-kast opstarten gaat gewoonlijk makkelijker met een pak bijen zonder raat. Een kolonie laat op die manier niet alleen de ziektes en de pathogenen van het moedervolk achter maar komt bovendien, als het een natuurlijke zwerm betreft, met een eigen voorraad honing en is bijzonder gedreven om onmiddellijk aan het werk te gaan om nestraat te bouwen. Van de andere kant kan een zwerm op raat beter worden gecontroleerd op ziektes voor ze worden aangekocht. Op p. 67 van *The Bee-friendly Beekeeper* vergelijk ik verticale transmissie van pathogenen (via een zwerm) met de horizontale tegenhanger (via een kunstzwerm met broed). Voortplanting via zwermen is hygiënischer en selecteert tegen pathogenetische besmetting.

Er valt heel wat te zeggen voor bijen die zijn aangepast aan jouw omgeving, drachtgebied en het ziektes/pathogenetisch spectrum. Geïmporteerde kolonies met gekweekte koninginnen leiden soms tot een volk met een grotere agressiviteit als de tweede generatie bijen kruist met lokale bijen. Sommige mensen hebben echter geen andere keuze dan een pakket met bijen op raat aan te kopen.

Als je je Warré-kast voor het eerst bevolkt met een pakket bijen of met bijen op raat (een "nuc", van nucleus – *noot van de vertaler*) is het bijna zeker dat je die aankoopt. Bestel ze dan in de winter en wel zo snel mogelijk om ontgoochelingen te vermijden. Pakketbijen hebben soms vele duizend kilometers afgelegd maar dat weerhoudt er hen niet noodzakelijk van om uit te groeien tot florerende kolonies. Probeer evenwel om een pakket uit je omgeving te pakken te krijgen.

Sommige imkers die de Warré-kast ontdekken, willen niets liever dan van hun vertrouwde kasten met ramen over te schakelen op Warré-kasten. We moeten er ons toch vragen bij stellen: is zo'n transfer wel echt nodig? Anders gesteld: is het opportuun een volledig gezonde kolonie te verstoren enkel en alleen om ze in een Warré te hebben? Is het niet mogelijk te wachten en te zien of de kast gaat zwermen? Ik heb twee volken overgebracht van een raam-kast naar een Warré, maar dan alleen maar omdat het volk op het punt stond te gaan zwermen: het volk had heel veel belegde koninginnencellen en in die tijd paste ik nog de methode van zwermbeperking toe door het maken van kunstzwermen. De methode die ik toen gebruikte is beschreven in § 6.3.2.1.

5.1 Natuurlijke zwermen

Als je hebt besloten te gaan voor een lokale zwerm en je het risico wil lopen om een seizoen misschien helemaal geen bijen te hebben dan volgen hier enkele suggesties om je kansen op zo'n zwerm te verhogen in de zwermtijd, ruwweg van april tot juni in het noordelijk halfrond:

1. Sluit je aan bij een plaatselijke bijenvereniging en maak kenbaar dat je op zoek bent naar een natuurlijke zwerm of een kunstzwerm. Voordelen: je raakt misschien aan lokale bijen en je zal véél minder betalen dan de gangbare tarieven of misschien wel helemaal niets. In vele Europese landen bepaalt de wet dat jij de eigenaar bent van de zwerm die je vangt. Maar om hem ergens te vangen moet je toestemming vragen aan de eigenaar van de grond.
2. Meld je aan bij plaatselijke instanties die telefonisch worden ingelicht over ongewenste zwermen – de brandweer, politie, enz. Vertel hen dat je geïnteresseerd bent om dat soort zwermen te vangen.
3. Installeer zwermlokkasten.
4. Plaats een advertentie op de sociale media of hang een kaartje op bij je plaatselijke kranten- of groentewinkel.
5. Maak een website waarop je vermeldt binnen welke radius je zwermen komt scheppen.
6. Contacteer bedrijven die ongedierte verwijderen. Ook zij worden soms opgebeld voor het verwijderen van zwermen en velen van hen vinden het niet leuk honingbijen te moeten vernietigen. Als je tegen de verplaatsingskosten opkijkt, denk er dan aan dat je 'klanten' het vaak leuker vinden dat de bijen levend verdwijnen. Sommigen geven een beloning.

Gelukkig zijn bijen heel zachtaardig als ze zwermen. De enige van de vele keren dat ik een steek kreeg bij het scheppen van een zwerm was toen ik hoog op een ladder stond en de zwerm op mijn hoofd en schouders viel. Neem toch de nodige veiligheidsmaatregels in beschouwing als je een zwerm schept op publieke plekken of op andermans eigendom. Zeker in de hedendaagse proces-maatschappij, is het nodig om een burgerlijke aansprakelijkheidsverzekering te hebben of een getekend papier van de grondeigenaar dat je schadeloos stelt in geval van gebeurlijke ongevallen, vooral als je op één of andere manier moet gaan snoeien.

Eens je het overgrote deel van de bijen én de koningin hebt, is de klus bijna geklaard[30]. Ik pas ervoor om hier alle mogelijke manieren om een zwerm te scheppen op te sommen maar focus op een paar heel gangbare. Het minste wat je nodig hebt, is een kartonnen doos met een opening van ongeveer 300 mm en een katoenen doek om de doos af te dekken. Ik gebruik nog altijd de doos waarmee ik in 2004 mijn eerste zwerm geschept heb. Traditioneel wordt een zwerm geschept in een korf, maar daar moet je geen geld aan uitgeven. Als je de tijd hebt ze te verzamelen voor je vertrek zijn een sluier, een roker, een stukje raat en een snoeischaar handig. Soms heb je een

---

30 Johannes Wirz, een bio-dynamisch imker uit Zwitserland beschrijft heel nauwkeurig de koningin als het 'orgaan van de cohesie in het bijenvolk'. Die omschrijving is te verkiezen boven een definitie als een niet te stoppen eitjes-leggende machine.

ladder nodig maar treedt alsjeblief niet toe tot de lange lijst van imkers die verwond werden na een lelijke val!

Hangt de zwerm in een struik of aan de tak van een boom, snoei dan twijgen en bladeren weg zodat de opening van je doos of de korf mooi onder de zwerm kan worden geplaatst. Drapeer het doek over de arm die de doos vasthoudt. Met je andere hand geef je een flinke ruk aan of een slag op de tak waardoor de zwerm in de doos valt. Bereid je voor op het extra gewicht dat soms wel 3 kg kan zijn. Er

Fig. 5.1 Twee zwermen klaar om te worden geschept; (a) makkelijk en (b) iets moeilijker

kan opschudding in de bijenzwerm zijn maar negeer die, dek de doos af en draag ze voorzichtig naar een beschaduwde plek niet ver van de zwermlocatie. Keer de doos rustig om op het doek en leg een steen of een stok onder de doos om een nauwe ingang te creëren. Als je de koningin in de doos hebt zullen de bijen die zijn opgevlogen haar ruiken en vanzelf de doos binnenlopen. Als alle bijen de doos verlaten dan moet je hetzelfde procedé herhalen eens de tros zich opnieuw gevormd heeft. Laat de zwerm in de doos rusten tot de avond en alle bijen de tros hebben vervoegd. Dit is héél belangrijk als het een zwerm betreft rond een jonge, onbevruchte koningin die voor de avond op bruidsvlucht vertrekt. Daarna kan je de zwerm verplaatsen en hem in een kast overbrengen. Is er geen natuurlijke schaduwplek, improviseer die dan met een laken, platen, bladertakken, enz. De zwerm kan over vele kilometers worden vervoerd terwijl de doos losjes verpakt is in een laken. Vergewis je er hoe dan ook van dat er voldoende luchttoevoer is.

Warré opperde om een zwerm rechtstreeks in een Warré-kast te scheppen. Dit is heel moeilijk met maar één vrije hand en bovenaan een ladder!

Vaak bevinden zwermen zich niet op een plaats die ze met een eenvoudige slag op hun landingsplaats doet loslaten. Bij een zwerm op een met klimop begroeiende boomstam (Fig. 5.1.b) ging ik als volgt te werk: ik hield een raam met broed (in een kader, gelukkig) bovenaan tegen de zwerm. De bijen renden er naar toe. Eens het raam zwaar was van de bijen heb ik het naar mijn doos gedragen waarin ik het raam heb afgeklopt. Onmiddellijk heb ik de doos omgekeerd op een laken, aan één kant ietsje opgelicht met een stok eronder. Ik heb die handeling een paar herhaald tot uiteindelijk de achterblijvende bijen het luchtruim kozen en de doos introkken.

Een andere methode is nuttig voor een zwerm die zich heeft gesetteld op een glad, effen oppervlak: een paal, een muur, een boomstam. De doos, die in dit geval ook een Warré-romp kan zijn met een afdekdoek en een stuk karton eraan vastgeniet, wordt onmiddellijk boven de zwerm geïnstalleerd. De romp raakt de zwerm. Van zodra de bijen de donkere holte ontwaren willen ze die in een opwaartse beweging betrekken. Ze kunnen daartoe worden aangemoedigd door een paar stevige halen met de veer. Maar heel af en toe is het nodig ze op weg te zetten met rook en dan nog hoogstens met een paar kleine stootjes. Herhaaldelijk trommelen op het oppervlak waar ze nestelen met telkens korte pauzes kan ze ook aanmoedigen om de weg naar boven te vinden.

Ik breng zwermen in een kast in de loop van de avond van de dag waarop ze werden geschept (§ 6.1). Idealiter breng je een volk in aan het begin van het seizoen, als de madeliefjes bloeien, want dan heeft een kolonie alle tijd om zich tot een sterk volk te ontwikkelen voor het begin van de winter. Een oud Engels imkerspreekwoord bevat veel waarheid: "a swarm in May is worth a load of hay; a swarm in June is worth a silver spoon; a swarm in July isn't worth a fly." Nochtans kan ook een late zwerm voldoende uitgebouwd de winter ingaan als hij een romp met lege raat en massa's honing krijgt.

Als je een zwerm kruist op het einde van zijn zwermgeschiedenis heeft hij misschien al beslist waar de nieuwe woning zal zijn. De scoutbijen hebben al een onderkomen gevonden, de keuze werd al aan het volk bekend gemaakt[31] en het vertrek wordt voorbereid. Daarom moet je snel zijn als je een zwerm vindt. Hou je zwermvang-kit ten allen tijde klaar. Als je wordt gebeld voor een zwerm, informeer je dan omtrent de exacte locatie, de bereikbaarheid, de hoogte van de tros, de tijd die de zwerm er al is (een zwerm van een dag oud op een afstand van 30 km is niet zo aanlokkelijk) en vooral of het wel degelijk over honingbijen gaat en bijvoorbeeld niet over wespen. Dat gebeurt! Ooit vroeg ik een foto van een zwerm per email toegestuurd te krijgen. Het spaarde me een reis van 150 km uit toen ik op de foto kon vast stellen dat de insecten in kwestie graafbijen waren.

Omdat dit boek in de eerste plaats bestemd is voor mensen die eerder aan het begin van hun imkercarrière staan, besteed ik hier geen aandacht aan het scheppen van zwermen die zich ergens hebben genesteld waar ze niet welkom zijn, veelal binnenin gebouwen. Dat is een moeilijk en tijdrovend proces. Als iemand wat meer ervaring heeft kan hij of zij ook die manier overwegen om aan lokaal aangepaste bijen te geraken. Klanten betalen meestal om de bijen weg te halen. Een verzekering burgerlijke aansprakelijkheid is hier ten zeerste aan te raden.

---

31 Zie over dit fascinerende proces Thomas D. Seeley, *Honeybee Democarcy*, Princeton University Press, 2010

5.2 Pakketbijen

Bijen op raat – een pakket – te pakken krijgen, is voor een Warré-imker geen evidentie. Als je een pakket wil op maat van een Warré, moet je al een imker vinden die er voor jou eentje wil optrekken in een Warré-romp. Je zal hem hoogstwaarschijnlijk de romp en alle andere kastonderdelen moeten bezorgen. Dan is er de moeilijkheid om de kast naar je standplaats te vervoeren: jonge raat is heel fragiel. Zonder raam is ze dat nog meer. Een pakket vervoeren in een kast met raampjes is vrij eenvoudig, maar die ramen overhevelen in een Warré kan voor problemen zorgen.

5.2.1 Warré-pakket

Bij het schrijven van dit boek kende ik maar een handvol imkers die specifieke Warré-pakketten afleverden. Je moet zelf de kast leveren inclusief de toplatten. De teler zal er een kunstzwerm in schudden, ze een koningin geven en in de meeste gevallen de opstart bespoedigen door het volkje te voeden met suiker of met honing als je veel geluk hebt. Op een bepaald moment moet je het volk ophalen en het naar jouw bijenstand overbrengen. Het is weinig waarschijnlijk dat je het volk in het pakket zal inspecteren voor je ermee vertrekt. Heeft de teler de raten aan de zijkant al losgesneden en het zo makkelijker gemaakt ze te inspecteren, dan vind je hieronder een aantal belangrijke dingen waar je kan op letten (§ 5.3). Jonge raat komt heel makkelijk los van de toplatten, zelfs bij de meest voorzichtige manier van transport. Voorzie een afsluitend gaas aan de bovenkant en de onderkant van de kast; zet de kast zo dat de raten in de reisrichting staan; reis in de koelte van de avond of 's nachts. Is het toch behoorlijk warm, besproei het volk dan af en toe door het gaas met water.

Om het risico dat de raat afbreekt te omzeilen, zou je een pakketvolk kunnen opstarten met een viertal raampjes in plaats van de toplatten en het transport enkel uitvoeren als de raampjes zijn volgebouwd met raat. De raampje hoeven geen volledige waswafel te krijgen, een wasstarter bovenin is al voldoende. Ickowicz uit Frankrijk verkoopt Warré-rompen met raampjes waarbij de bovenste lat een gleuf heeft om een wasstarter in te zetten. Raampjes kunnen ook eenvoudig worden gemaakt als je over hout geschikt met een dikte van 7-9 mm en een tafelzaag om het overlangs te verzagen. Ze hoeven niet zo perfect te zijn en optimaal rekening te houden met de ruimte ertussen; de bijen gaan ze vastzetten met propolis en de raampjes worden uit de kast verwijderd bij je eerste oogst. Als je rompen koopt, vergewis je dan dat ze de standaard-afmetingen hebben en, mocht dat niet het geval zijn, of die afwijkingen je later problemen zullen geven. Je kan natuurlijk ook al je materiaal bij dezelfde verdeler aanschaffen.

5.2.2 Pakketbijen op (andere) ramen

In de meeste gevallen worden pakketbijen verkocht op ramen (Simplex, Dadant, Langstroth, enz.), of ze nu van een lokale imker komen of van een teler verder weg. Om met een Warré-kast te starten zijn ze helemaal niet zo gunstig, voor welke manier van overdracht ook wordt gekozen. Het bijenvolk moet als het ware worden gedwongen om de Warré te gaan bezetten (zie § 6.3.2). Niet zelden zijn de bijen heel traag om dat te doen zonder radicale 'chirurgie'. Imkers passen die methode toe als het onmogelijk is een zwerm of een pakket in een Warré te verkrijgen. Pakketbijen, in de meeste gevallen in aangepaste, goed geventileerde verpakkingen, worden getransporteerd met de raten in de reisrichting. Bij hoge temperaturen worden ze lichtjes met water besproeit.

Als je een pakket koopt, vergewis je er dan van dat het van goede kwaliteit is en een jonge, leggende koningin heeft: de moeder van al het broed. Je kan op voorhand doorgeven dat je niet wil dat ze wordt verminkt door haar vleugels te knippen. Een pakket moet drie ramen ziektevrij broed in alle stadia hebben, inclusief eitjes en minstens vier ramen vol bijen. Daarbovenop moet er een raam zijn vol honing en een half raam met een voorraad stuifmeel. Goede raat is lichtgekleurd omdat die aangeeft dat ze minder dan een seizoen oud is. Het lokale orgaan voor bijengezondheid kan je verder nog tips geven.

5.3 Zwermlokkasten

Een zwermlokkast kan elke soort container zijn die naar bijen ruikt als hij maar de juiste grootte heeft en zo is opgesteld dat hij in de smaak valt bij bijen op zoek naar een nieuwe woning. Seeley en Morse[32] hebben het proces bestudeerd en concludeerden hoe bijen de volgende voorkeuren hebben:

- ze verkiezen eerder een nesthoogte op 5 m dan op 1 m
- een vliegopening van 12.5 cm² wordt verkozen boven 75 cm²
- een vliegopening aan de onderkant van de nestholte wordt verkozen boven een vliegopening aan de bovenkant
- in verband met het volume van de nestholte: 40 L wordt verkozen boven 10 L én 100 L
- nestholtes waar al eerder bijen huisden worden verkozen boven nieuwe holtes
- een nestholte over een afstand verwijderd van meer dan 300 m van het oude nest wordt verkozen boven nestholtes in de onmiddellijke nabijheid
- meer zichtbare nestholtes worden verkozen boven minder zichtbare

Hoewel lokkasten voor zwermen van je eigen volken ideaal gezien dus op een aanzienlijke afstand van je kasten staan, is het toch fijn om te weten dat bijen wel degelijk ook lokkasten betrekken geplaatst op de bijenstand waar ze van vertrekken.

Om je lokkast de geur van bijen te geven kan je een kast gebruiken of een onderdeel van de kast, bijvoorbeeld een gepropoliseerd afdekdoek. Sommigen smeren de binnenkant in met bijenwas. Nog efficiënter is een oud stuk honing- of broedraat dat vrij is van klinische sporen van elke bijenziekte. Als je twijfelt over een stuk raat, gebruik het dan niet. In plaats van de binnenkant met de geur van bijen te voorzien gebruiken sommige imkers enkele *druppels* Cymbopogon citratus-olie (citroengras) of een synthetisch zwermlokmiddel verkrijgbaar in de bijenspeciaalzaak.

De lokkast kan een kartonnen doos of een kant-en-klare Warré-kast met twee rompen zijn. Karton moet je beschermen tegen de regen en de kolonie moet er ook niet te lang in blijven want bijen hebben de neiging door het karton heen te bijten.

---

32 T. D. Seeley en R.A. Morse, *Dispersal behaviour of honey bee swarms* (1977) Psyche 84 (3-4), p. 199-209

De leukste lokkasten die ik ooit zag waren reiskoffers op enkele balkonnen van een hoog flatgebouw (zie fig. 13.1). Een goedkope, lichtgewicht lokkast werd gemaakt uit 2 bloempotten die aan elkaar waren bevestigd. Het volume van de lokkast kan iets kleiner zijn dan waar de bijen de voorkeur aan geven want, zoals Seeley en Morse ontdekten, zelfs nestholtes van slechts 10 L worden niet genegeerd als ze aan alle andere criteria voldoen. Er zijn bloempotten uit natuurlijke vezels van 50 L op de markt.

Fig. 5.2 Zwermlokkast op maat van twee Warré-rompen. Ze doet ook dienst als tranportdoos

In de lente heb ik zo'n 15 lokkasten, verspreid in mijn omgeving, vaak op muren en daken. De vliegopeningen zijn meestal zichtbaar voor de eigenaars van de grond of het gebouw waar de kasten staan en die bellen me als ze activiteit van scoutbijen waarnemen. Ik maak sowieso dagelijks een rondgang.

Fig. 5.3 Een zwerm is net aangekomen bij een lokkast boven op het afdak van de auteur

Vanuit het standpunt van de zwerm is het beter als die ononderbroken kan bouwen vanaf de aankomst en als hij op dezelfde plaats kan blijven staan. Dat kan dus enkel voor zwermen die kiezen voor een kant-en-klare kast die als lokkast is voorbereid op een bijenstand. Er wordt beweerd dat volkjes die dat privilege krijgen, het later beter doen dan volkjes die elders in een kast worden ondergebracht of die alleen maar worden verhuisd in de nieuwe woning die zij hebben gekozen. Ik heb dat nog niet bestudeerd. In de meeste gevallen is het onmogelijk om een lokkast die door een volk werd betrokken gewoon te laten waar ze staat, dus is het in de meeste gevallen nodig om de kolonie in een andere behuizing over te brengen of ze te verhuizen.

Eens een kolonie in een lokkast is ingetrokken, is het essentieel ze nog dezelfde dag naar haar definitieve standplaats over te brengen. Anders gaan de bijen zich oriënteren op de lokkast en als je ze dan verhuist binnen een straal van 5 km, verlies je veel bijen. Een keer was ik getuige hoe een zwerm die bij me opgehaald werd door een andere imker bij hem weer vertrok en naar mijn lokkast terugkeerde over een afstand van bijna 2 km. Dit werd bevestigd door twee dingen: de richting waarin de andere imker de zwerm zag wegvliegen en mijn vaststelling hoe, kort na de overdracht, mijn lokkast werd bevolkt door een zwerm van ongeveer dezelfde omvang als degene die hij van mij had gekregen. Een andere reden om een zwerm zo snel mogelijk in een ander onderkomen over te brengen, is het tempo waarmee het volk gaat bouwen en de raten vult. Al dat werk gaat verloren als ze dat een te lange tijd kunnen doen in een tijdelijke zwermlokkast.

Als je een beetje te lang wacht met het invoeren van je zwerm in je definitieve kast kan je de volgende methode toepassen om 'verloren' bijen te recupereren. Als je de zwerm bij valavond in een kast ingevoerd hebt, sluit je de kast af door gras en takjes op de vliegplank rond de vliegopening te leggen. Die hindernissen zorgen ervoor dat bijen die 's anderendaags uit de kast komen zich eerst gaan heroriënteren op de nieuwe locatie. Toch keren sommige bijen terug naar de locatie van de lokkast. Plaats daar een lege kast of een ander gepast recipiënt. Dat kan de lokkast zelf zijn. Bij het vallen van de nacht haal je de kast op en je plaatst die met zijn ingang zo dicht mogelijk bij de definitieve kast. Bijen die uit de tijdelijke kast komen ruiken het moedervolk en trekken binnen. Misschien moet je dit procedé enkele keren herhalen.

Een hele dankbare lokkast voor Warré-imkers is een doos gemaakt uit dunne multiplex, grosso modo met de afmetingen van twee opeengestapelde Warré-rompen, voorzien van twee handvatten en met acht uitneembare toplatten die in hun geheel uit de kast kunnen worden gelicht en in een echte Warré-kast kunnen gehangen worden. Door het gewicht kan de doos heel makkelijk in een boom of aan een lantaarnpaal gehangen worden. Extra's zijn een makkelijk afsluitbare vliegopening en te openen ventilatiegaten aan de bovenkant en de onderkant. Met zo'n lokkast kan je ook een zwerm vangen en vervoeren. Omdat je niet altijd zeker bent of de lokkast nu wel of niet een zwerm huisvest, is een klein kijkvenstertje aan de achterkant heel handig. Het ontwerp van de lokkast laat het vervoeren van een zwerm over een behoorlijke afstand toe, zelfs overdag en eens op de bijenstand aangekomen, kan de kolonie gerust nog enkele dagen in de lokkast blijven wonen vooraleer hij in de definitieve kast gaat.

In sommige landen moeten bijenkasten worden geregistreerd bij de autoriteiten en ook lokkasten vallen onder die regeling. Soms moet er zelfs per kast worden betaald. De bureaucratie en de kosten maken deze manier om aan volkjes te komen minder aantrekkelijk.

6. Een volk invoeren

Ik vind hoogstens uurtje voor zonsondergang het beste moment om een volk in een kast in te voeren. Het is dan koeler en zachter. Er is minder kans dat de bijen rond deze tijd gaan wegvliegen. Slechts één keer had ik problemen met het overbrengen in de late avond en dat was omdat ik wat vertraging opliep en de avond sneller viel dan ik had gewenst en er veel kwade en gedesoriënteerde bijen zich aan mijn kleren vasthielden.

Dus, wees gewaarschuwd: wacht niet tot het donker is!

Voor je met de in te voeren bijen naar je bijenstand vertrekt, heb je al heel wat voorbereid: de standplaats en de kast zijn voorbereid. De kast heeft twee rompen en toplatten met wasstartstrips die op hun plaats zitten; het afdekdoek is behandeld; je hebt je basisgereedschap klaar inclusief een dosis suikeroplossing in een verstuiver (1:2 suiker:water); een mal voor de toplatten (als je een pakket gaat inbrengen); je hebt je sluier, een laken en een plank (enkel als je een inloop plant; afmetingen ongeveer 60 x 90 cm); je bijen zitten in de zwermlokkast of in de doos met pakket-ramen (Warré of conventioneel). Zie § 6.3.2. voor verdere benodigdheden voor het inbrengen van pakketbijen. Voor het inbrengen van een zwerm heb je de keuze om ze in de kast te schudden of ze te laten inlopen. Ik vind inlopen het leukst om te zien, maar het is de langste methode van de twee en duurt gemiddeld een goed half uur.

De rompen kunnen worden opgesteld volgens de 'koude opstelling' – met de raten haaks op de vliegopening – of volgens de 'warme opstelling', met de raten parallel aan de vliegopening. Ik laat het aan de lezer om deze oude imker-termen ten volle te begrijpen. Hoewel Warré het aanraadde om de koude methode te gebruiken in de zomer en de warme methode in de winter, heb ik mijn kasten het jaar rond in de koude opstelling staan vanuit de wetenschap dat de bijen zelf geen voorkeur hebben voor de oriëntatie van de raat ten opzichte van de vliegopening en dat ze hun raten uit zichzelf ook niet roteren in de herfst of de lente.

De ideale periode om in het noordelijk halfrond een kast te bevolken is rond de bloeiperiode van de madeliefjes. Ben je genoodzaakt de operatie uit te voeren in een minder gunstige drachtperiode of in minder goede weersomstandigheden, overweeg dan of je moet bijvoeren. Is dat het geval, dan is bijvoeren langs de bovenkant van de kast aan te raden voor bijen die nog geen raat hebben (§ 11.1).

Zit je met je bijen in een gebied waar risico is op vuilbroed en plan je een zwerm te gaan invoeren van onbekende origine, neem dan zeker enkele voorzorgen inzake bio-veiligheid. Bijen die gezwermd hebben uit een kolonie met symptomen van vuilbroed, kunnen vele sporen van het pathogeen in hun lichaam dragen en ook in de honing die ze voor hun avontuur en voor het bouwen van hun nieuwe thuis hebben opgeslagen. Een mogelijke voorzorg zou kunnen zijn dat je hen drie dagen laat bouwen en ze dan afschudt in een romp met lege toplatten en de reeds gebouwde latten onmiddellijk verbrandt. Een volgende maatregel kan erin bestaan dat je de bijen op quarantaine zet en van zodra ze zich goed ontwikkelen, ze controleert op sporen van vuilbroed.

6.1 Zwermen

Heb je een zwerm gevangen in één of twee Warré-rompen, dan heb je verder niets te doen dan ze op een bodem en onderstel te plaatsen. Twee rompen is het minimum. Vervolgens dek je de bovenste romp af met het afdekdoek en het dak. Zie ook § 6.1.3.

6.1.1 Een zwerm laten inlopen

Zet je kast op haar definitieve plaats met twee rompen en de nodige toplatten voorzien van wasstarters, het afdekdoek, het kussen en het dak. Leg een plank van de grond naar de ingang van de kast. Over de plank leg je een laken dat aan weerszijden over de plank hangt zodat bijen die de hellende plank missen worden opgevangen. Verzwaar de plank met stenen als er wind is.

Haal het deksel van je zwermlokkast en stort mits een stevige, maar toch niet te harde slag, je de bijen op de plank nabij de ingang van de kast. De tros zal zich uitspreiden als stroop en sommige bijen zullen opvliegen. Schud of borstel achterblijvers uit de lokkast of plaats die met de opening in de richting van de uitgespreide tros. Als de bijen te zeer opvliegen, besproei dan hun vleugels met water of suikeroplossing. Meestal is dat niet nodig want opvliegende bijen keren vanzelf naar de tros terug. Nauwelijks enkele seconden nadat je de tros op de plank hebt uitgestort gaat er een soort 'gegrom' door de massa en zien we de bijen zich naar de ingang haasten. Nasonov-klieren gaan de hoogte in en het citrusachtige aroma van 'langs hier is het meisjes!'-feromoon stijgt op. Als je geluk hebt, zie je koningin de kast inlopen over de rug van de werksters heen.

De snelste invoer die ik meemaakte duurde tien minuten. Bij de langste kon ik pas na zonsondergang naar huis vertrekken terwijl er nog een grote tros aan de vliegplank hing. Maar in elk van de gevallen waren alle bijen, zonder uitzondering, 's ochtends vroeg naar binnen. Kort ritmisch trommelen op de plank met korte pauzes ertussen kan het inlopen versnellen. Je kan de bijen ook met een veer in de richting van de vliegopening loodsen. Rook kan achterblijvers tot spoed aanzetten, maar hij kan ze ook desoriënteren. Uiteindelijk kan je na een tijdje het laken verwijderen en even later ook de plank.

Het gebeurt maar zelden dat de tros niet naar de bovenste romp trekt en daar begint te bouwen. Als ze in de onderste romp beginnen bouwen, wissel dan de twee rompen onderling van plaats maar verander de oriëntatie van het bouwsel ten opzicht van de vliegopening niet.

Een pakket bijen kan op dezelfde manier worden ingevoerd door eerst de koningin te bevrijden voor de ingang *net voor* je de bijen bovenop haar uitstort. Een

Fig. 6.1 Een zwerm loopt een kast in

andere mogelijkheid is om haar kooitje aan de toplatten in de bovenste romp te hangen nadat je de kurk, dat het beetje bijensnoep afsluit, hebt verwijderd. Hoe je een pakket opent en hanteert is in detail uitgelegd in 6.2.

6.1.2 Een zwerm invoeren door hem direct in de kast te gieten of te schudden

Zorg dat je een werkende roker bij de hand hebt. Zet je kast op haar definitieve plaats met twee rompen en voorbereide toplatten in de 'koude opstelling', met name haaks op de vliegopening. Hou het afdekdoek, het kussen en het dak klaar. Bovenop de kast zet je een extra Warré-romp zonder toplatten of een trechter die je zelf gemaakt hebt uit karton bekleed met plastiek die hem glad en glibberig maakt. Haal het deksel van je zwermlokkast (doos, korf, enz.), keer die om en klop er enkele keren op om de tros te breken. Giet de zwerm in de kast zoals je koffiebonen in een zak zou gieten. Klop nogmaals op de doos om nog meer bijen te doen vallen. Plaats dan de doos voor de ingang zodat de bijen die er nog in zitten hun zusters vinden en ook de kast intrekken.

Geleidelijk aan zakken de bijen onder de toplatten. De achterblijvers borstel je van de bovenste romp of uit de trechter. Mogelijks heb je daar een roker of wat suikeroplossing voor nodig. Van zodra bijna alle bijen binnen zijn, neem je de extra romp of de trechter weg en plaats je het afdekdoek. De bijen die nog bovenop de romp zitten, vinden dat niet leuk en haasten zich onder de toplatten. Als alle bijen onder de toplatten zitten, plaats je het kussen en het dak.

6.1.3 De zwerm vliegt weer weg

Als ik, wegens andere verplichtingen, al in de namiddag een zwerm moet inbrengen, vliegen ze af en toe weer weg. Een keer heb ik een zwerm tot twee keer toe moeten scheppen en invoeren. Wegvliegen kan worden veroorzaakt door oververhitting door de namiddagzon of omdat de geur van de nieuwe kast de bijen niet bevalt.

Het invoeren van een volk in de late avond is een goede manier om het wegvliegen te vermijden. Een koninginnenrooster onder de bijentros in de kast plaatsen is een andere manier. Dat doet in dit geval dienst om de kolonie in de kast te houden. Je plaatst het rooster als de kolonie mét de koningin het bovenste deel van de kast bezet. Als je het rooster te vroeg plaatst kan de koningin gevangen zitten onder het rooster, zeker in het geval van een inloop.

Hoe ga je te werk? Als de kolonie een beetje rust gevonden heeft, verwijder je het dak en je heft de rompen met het kussen van de bodem en plaatst die opzij. Op de bodem plaats je een hoogsel zonder toplatten. Daarop leg je het koninginnenrooster en daarop zet je de kast met het kussen en je plaatst het dak terug. Verwijder het rooster na enkele dagen. Als ik er één gebruik, verwijder ik die al na 24 uur. Als het over een kleine zwerm gaat (een splitter, een nazwerm, enz.) kan het volk een onbevruchte koningin hebben en moet zij nog op bruidsvlucht kunnen vertrekken.

Van zodra de zwerm door de meegebrachte voorraden heen is, gewoonlijk na twee of drie dagen, is het risico op wegvliegen veel kleiner omdat het volk dan niet de brandstof heeft die nodig is om te vertrekken en zich elders te gaan installeren. Dan heeft het volk vrede genomen met de nieuwe woning. Vermijd daarom te voederen tot die periode voorbij is.

6.2 Pakketten

Een imker heeft meestal nogal wat geld betaald voor een pakket honingbijen. Het is daarom alleen maar normaal dat hij al op voorhand zal willen weten wat hij met dat pakket moet doen om het volk bij aankomst in een kast in te voeren. Misschien wil hij wel een soort generale repetitie doen of op het internet video's bekijken van hoe het moet. Het ergste wat er kan gebeuren – en dat gebeurt hoogst zelden – is dat de koningin in het proces verloren gaat of gedood wordt. Maar ook daaraan kan worden verholpen door onmiddellijk een vervangkoningin aan te kopen of door er een te krijgen van een vriendelijke imker in de buurt. Voor wat volgt ben ik dank verschuldigd aan John Moersbacher uit Canada die duizenden pakketten invoerde in Langstroth-kasten voor hij met Warré-kasten begon. Voor de Warré beschreef hij twee methodes waarbij de koningin al dan niet rechtstreeks in het volk wordt ingebracht en die lichtjes verschillen naargelang men verkiest om uiteindelijk een kast te hebben met *vaste* toplatten.

6.2.1 De koningin wordt rechtstreeks vrijgelaten in het volk

Bij het invoeren van een commercieel pakket, een kunstzwerm, kan de koningin rechtstreeks worden ingebracht op voorwaarde dat ze minstens twee dagen bij de bijen van het volk heeft gespendeerd. Wat je hiervoor nodig hebt is een nagel van 75 mm.

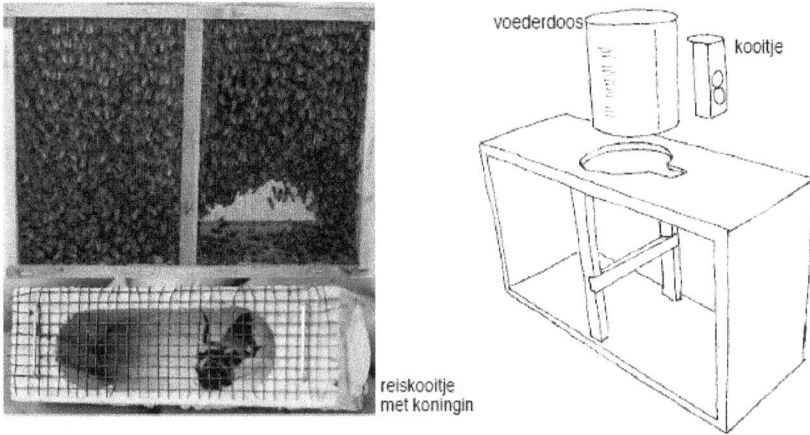

voederdoos

kooitje

reiskooitje
met koningin

Fig. 6.2 Een pakketbijen met een close-up van een koningin in een invoer-kooitje

Besproei je bijen om het half uur met een lauwe siroopverdunning gedurende enkele uren voor je ze invoert. Maak ze niet te nat. Als je de doos waarin je ze krijgt een beetje optilt en het gaas bevochtigt is dat al voldoende. Laat ze de siroop opnemen en elkaar schoonlikken. Duizenden tongetjes zullen het gaas schoonlikken. Voeder niet teveel of te vaak voor je het volk gaat inbrengen. Dat kan resulteren in het bouwen van veel raatbouw rondom de voederbak die daardoor moeilijk te verwijderen wordt.

Voor je de bijen gaat invoeren, hou je ze op een halfdonkere of donkere plaats op kamertemperatuur of net onder kamertemperatuur, zeker als de buitentemperatuur op het moment van je actie onder de 13°C ligt. Dit helpt om de temperatuur van de tros aan te passen aan de koude omstandigheden waarin je ze gaat invoeren. Als je ze invoert, zullen ze actief genoeg zijn om hoog in de kast te gaan trossen, zelfs als de buitentemperatuur heel laag is. Als je gaat invoeren bij hoge temperaturen moet je de bijen op een koele plaats zetten om ze wat te kalmeren. Dan is het niet nodig ze te besproeien tot vlak voor het invoeren.

Of je ze nu gaat invoeren bij koud of warm weer, steeds is besproeien aan te raden. Niet om de geur van het volk of de koningin die elk uit een andere kolonie komen te camoufleren, maar om hen af te leiden van het trauma dat ze op het punt staan te ondergaan. Of je nu met vaste of losse toplatten werkt, het begin van het proces is hetzelfde.

6.2.1.1 De toplatten zijn niet vastgezet of –genageld.

Plaats twee rompen op een bodem, de bovenste zonder toplatten. Schud het pakket zodat de bijen loskomen en zodat ze op de bodem van de doos vallen. Met de nagel pruts je de bovenkant van het voederbakje los en licht het uit de doos. Gebruik een tangetje als dat nodig blijkt. Als het voederbakje verwijderd is, besproei je het pakket. Neem het koninginnenkooitje en verwijder de kurk die het afsluit. Plaats je vinger over de opening. (Zelden zit er wat bijensnoep in het gat. Die is er meestal alleen in koninginnenkooitjes met 3 gaten. Die worden gebruikt als de koningin apart, met slechts enkele werksters, verscheept wordt.)

Plaats het kooitje met het gaas naar boven op de bodem van de kast. Van zodra je je vinger van het gat neemt, stort je de bijen eroverheen. Doe dat met een

75

vastberaden, flukse beweging om het merendeel van de bijen in de kast te hebben. Met rollende bewegingen krijg je de achterblijvers in één hoek van de doos en die laat je eveneens in de kast glijden. Besproei nu nogmaals de bijen en plaats de toplatten in de bovenste romp. Dek af met het doek, het kussen en het dak. Een mal voor het plaatsen van de toplatten is handig.

Bij het afsluiten van de kast kan je overwegen om bovenaan een voederbak te plaatsen; zeker als de weersomstandigheden of de aanwezige drachtplanten te wensen over laten (zie § 11.1). In koud weer moet de voedselbron in de onmiddellijke nabijheid van de tros zijn, die in de bovenkant van de kast hangt. Als dat niet het geval is, kunnen ze op enkele dagen omkomen van de honger. Een voederbak op de bodem is in dat geval niet geschikt.

Na een paar dagen neem je het dak weg en plaats je de bovenste romp, mét het afdekdoek en het kussen, op een ander onderstel. Neem het lege koninginnenkooitje weg, plaats de toplatten in de onderste romp en zet de bovenste romp terug. Het afdekdoek en het kussen moeten niet meer van de kast voor de oogsttijd, behalve om een eventuele voederbak weg te nemen of als tijdens de eerste weken mocht blijken dat de koningin niet door het volk aanvaard werd. Dat kan je vaststellen als er een dode koningin aan de vliegopening ligt, als er geen stuifmeel binnengebracht wordt , als er geen compacte tros in de bovenste romp (door het kijkvenster) te zien is of als er heel weinig raatbouw is.

6.2.1.2 De toplatten zijn wel vastgezet of –genageld

Hier zijn er slechts minieme verschillen met de methode die hierboven werd beschreven. Ook hier stort je de bijen in twee rompen zonder toplatten maar van zodra dat is gebeurd, zet je er een derde romp op waarin wél toplatten zitten. Na enkele dagen neem je de twee onderste rompen weg en je plaats er één met toplatten. De extra afstand die de bijen moeten afleggen van de vliegopening naar de tros is helemaal niet problematisch als de bijen van bij het begin de juiste warmte hebben.

6.2.2 De bijen bevrijden zelf de koningin (onrechtstreekse bevrijding)

Een alternatieve manier om een pakket in een kast in te voeren, is het pakket op de bodem van de kast te plaatsen, in een romp zonder toplatten. Plaats twee stokken, een bij dik, op de bodem, verwijder de voerderbak en het koninginnenkooitje (zoals in 6.2.1.) en stort het merendeel van de bijen in de kast. Plaats de container met de achtergebleven bijen op de stokken. Zorg ervoor geen bijen te verpletteren. Plaats dan twee rompen met toplatten bovenop de onderste romp, waarbij die er voor zorgt dat de tros vrij in de bovenste romp kan gaan hangen. Neem de kurk dat de koninginnenkooi afsluit weg, en prop wat bijensnoep in het gat dat toegang geeft tot de koningin. Draag er zorg voor dat de koningin niet ontsnapt. Hang het kooitje aan de toplatten in de bovenste romp waarbij je erop let dat noch het gaas, noch het gat met de bijensnoep geblokkeerd wordt. Sluit nu de kast af. De volgende dag, als de tros zich heeft gevormd rond de koningin in de bovenste romp, is het aangewezen om te controleren of de bijen de koningin hebben bevrijd. Als dat niet het geval blijkt, bevrijdt haar dan zelf.

Slechts heel uitzonderlijk hangt de tros niet in de bovenste romp en zijn ze lager beginnen te bouwen. Als de tros in de tweede romp hangt, verwissel dan de twee rompen onderling van plaats, maar respecteer de oorspronkelijke oriëntatie van de latten ten opzichte van de vliegopening.

Bij het vervangen van een koningin is de methode met een onrechtstreekse bevrijding de beste want dan heeft de koningin – anders dan bij een pakket – nog geen voorbereidende tijd "in" de kolonie doorgebracht en is het haast zeker dat de bijen haar zullen doden (zie hoofdstuk 7.7).

6.3 Bijenstarter ("nucs")

6.3.1 Bijenstarter voor een Warré-kast

Het meeste werk is hier al voor jou gedaan! Installeer een lege romp zonder toplatten op een bodem en hou het afdekdoek, het kussen en het dak binnen handbereik. Haal het gaas, dat werd aangebracht voor de reis, van de Warré-romp met de bijenstarter en plaats die met dezelfde oriëntatie op de onderste romp. Wegens de kleine omvang van het volkje en wegens de eenvoud van de operatie is het weinig waarschijnlijk dat je rook nodig zal hebben, maar toch is het een goed idee een brandende roker klaar te hebben. Kijk of bijvoederen nodig is (zie § 11). Sluit de kast af.

6.3.2 Bijenstarter op ramen

De twee manieren om een volk dat op ramen zit uit een ander soort kast in een Warré-kast te krijgen zijn 'de neerwaartse groei' en de 'snij en pas'-methode. Die laatste veronderstelt zo'n drastische methode, dat ik ze beschouw als de methode van de laatste hoop. Maar omdat het een volk in één moeite op het formaat van een Warré brengt zonder verdere ingrepen, beschouwen sommige het van de twee methodes op lange termijn toch de minst intrusieve.

6.3.2.1 De neerwaartse groei

Om een bijenstarter naar onder te laten aangroeien moet je een transferromp maken waar de ramen inpassen en die plaatsje op een verloopstuk voor de Warré-kast. Er wordt een voorlopig dak gemaakt voor de kast en omdat het proces een heel seizoen in beslag kan nemen, moet je de romp isoleren als je dun hout gebruikt. Als je bijenstarter in een doos komt die je niet kan teruggeven of terugbetaald krijgen, kan je overwegen de ramen in die doos te laten en ze om te bouwen zodat je ze als hierboven beschreven kan gebruiken, uiteraard zonder het reisgaas aan de onderkant. Het helpt om de onderlatten van de ramen weg te nemen zodat de bijen meer zijn geneigd naar onder toe te gaan bouwen en zo dichter bij de toplatten in de eerste Warré-romp komen.

Het idee is dat de kolonie geleidelijk naar onder uitbreidt en dat je eventueel de romp met de ramen van de bijenstarter gaat oogsten als ze zijn gevuld met honing als was het een Warré-romp. Maar heel vaak, vooral in gebieden waar de nectarvloed niet rijk is, is het broednest nog niet voldoende gezakt bij het einde van het seizoen en ziet de imker zich genoodzaakt een zwak en thermisch ontoereikende constructie te beschermen tegen het winterweer. Om de boel wat te forceren kan je een meer storende methode toepassen waarbij je de meeste bijen van de ramen in de Warré-kast schudt of borstelt en een koninginnenrooster plaatst tussen de bovenste Warré-romp en de container met de bijenstarter. Als er minstens één toplat met raat in de Warré-romp zit, worden alle bijen er in afgeborsteld of geschud. Als je handig bent in het vinden van een koningin zoek die dan; sluit ze even op in een koninginnenknijpkooitje en laat ze op het einde van het procedé weer los in het volk. Misschien moet je een soort trechter (fig. 6.4) maken voor het overschudden van de bijen of een lege Warré-romp gebruiken.

Neem de transfereerromp van de kast en plaats die op een werkbare hoogte naast de Warré. Vermijd dat de koningin op de grond valt. Neem ook het verloopstuk weg en

Fig. 6.3 De bijenstarter-
transfereerromp en "verloop"-stuk

plaats een trechter of een lege Warré-romp. Als je een Warré-romp gebruikt, is een raam van de bijenstarter waarschijnlijk groter, ook al werk je in de diagonaal van de romp. Er is een risico dat er bijen over de rand vallen, dus in het slechtste geval ook de koningin. Er zijn twee alternatieve manieren. In de eerste hou je het raam verticaal vast aan de bovenkant en je laat het wat zakken in de Warré-romp. Hou het raam met één hand vast en klop met de vuist van de andere hand op je hand die het raam vasthoudt. Als je bang bent dat je het raam zal laten vallen, is het veiliger om de bijen eraf te borstelen terwijl je het raam vasthoudt Als je met een trechter werkt kan een stevige schok aan het raam voldoende zijn om alle bijen te doen loslaten. Herhaal de schok één of twee keer tot er geen bijen meer op het raam zitten.

Doe dat met alle ramen en bovendien behoorlijk snel om te vermijden dat het broednest afkoelt. Van zodra alle bijen uit de trechter vertrokken of afgeborsteld zijn, zet je het verloopstuk terug op de Warré-kast. Plaats het koninginnenrooster én de transfereerromp met de lege ramen. Zet het (tijdelijke) dak terug. Aangetrokken door het feromoon van het broed trekken de zorgbijen weer naar boven om het broed te bedekken en het op te warmen terwijl het zich verder ontwikkelt en uitloopt. Het is weinig waarschijnlijk dat er zich in dit stadium veel darrenbroed heeft gevormd en dus is het voorzien van een darrenuitgang niet echt nodig. Na drie weken zal al het broed zijn uitgelopen. De transfereerromp, het koninginnenrooster en het verloopstuk kunnen weggenomen worden en de Warré-kast kan nu op de bekende manier worden afgesloten.

Fig. 6.4 Een trechter voor het afschudden of afborstelen van bijen

De afschudmethode kan ook gebruikt worden om van een kolonie uit een kast met ramen een kunstzwerm in een Warré-kast te maken als er in het volk belegde en gesloten koninginnencellen zijn en het dus in zwermstemming dreigt te komen. Raten met belegde koninginnencellen moeten worden afgeborsteld, niet afgeschud. Plaats een Warré-kast met twee rompen naast de kast met ramen, de vliegopening in dezelfde richting. Na het afschudden, wordt een verloopstuk en een koninginnenrooster op de Warré geplaatst en dan de broedkamer en het dak van de kast met ramen. Als je die opstelling enkele uren (minimum twee) hebt laten staan om de ramen terug met bijen te bevolken, kan je de kast met ramen verwijderen en ze zover mogelijk van de Warré-kast met de kunstzwerm plaatsen. Alle vliegbijen keren terug naar de Warré die op de bekende locatie staat en vervoegen zo hun koningin. De kast met ramen zal een nieuwe koninginnen opkweken en zet zijn leven verder.

Warré beschrijft in zijn boek de traditionele manier waarbij door het trommelen op de kast het volk van de ene naar de andere kast overloopt. Gewoonlijk waren dat twee korf-kasten33[33]. Hoewel deze methode ook kan worden toegepast bij kasten met ramen, is ze niet erg populair meer en dus laten we ze hier voor wat ze is.

---

33 Voor foto's van dit procedé, zie: http://ruche.populaire.free.fr/essaim/tapotement

6.3.2.2 Het overbrengen van een bijenstarter via de 'snij en pas'-methode

Deze methode wordt toegepast door imkers met toplatkasten die bijenstarters aankopen. Ik heb ze zelf nog nooit geprobeerd maar Raimund Henneken, op wiens verslag dit deel van het boek gebaseerd is, vindt het een vlugge en efficiënte methode. De bijen komen, in tegenstelling tot in de 'neerwaartse groei'-methode, in de nieuwe kast mits één enkele operatie.

Het is de bedoeling om van elk raam van de bijenstarter voldoende weg te snijden zodat er nog enkel raat aan een toplat overblijft die past in een Warré-kast. Het is een vrij grote ingreep en veronderstelt dat je gaat snijden door het broed heen waardoor je larfjes en poppen doodt. Met andere woorden: het is een methode die nogal wat stress veroorzaakt; bij de bijen én bij de imker. Daardoor is het, vanuit het standpunt van een natuurimker, een ingreep van de 'laatste hoop'. Nochtans toont de methode veel gelijkenissen met de manier om een kolonie uit een gebouw te redden. Omdat de raat in ramen zit is het in dit geval zelfs gemakkelijker. Het is aangewezen je te laten assisteren door, bij voorkeur, een andere ervaren imker die je op voorhand inlicht over de bedoeling en de procedure. Stel je eerst het volledige plan visueel voor en lijst op welk materiaal je nodig hebt. Het is zelfs aan te raden een soort generale repetitie te houden. Je gaat op je bijenvolk een 'open hartoperatie' uitvoeren! Met een ernstig gevaar dat het broednest heel erg afkoelt.

Je bijenstarter komt wellicht op 5 of 6 ramen. Als dat mogelijk is, kan je vooraf van je leverancier te weten komen hoe dik de toplatten zijn zodat je kan berekenen of ze in de uitsparingen van je Warré-rompen passen of niet. Als je de bijenstarter ontvangt, plaats je die op de plek die je Warré-kast uiteindelijk zal gaan bezetten, met de vliegopening in de richting die je hebt gekozen. De starter kan er een paar dagen blijven staan zolang de koningin maar genoeg plaats heeft om eitjes te leggen en het volk nog niet in zwermstemming verkeert. Zijn de toplatten van de ramen die je gaat 'uitsnijden' hoger dan 10 mm, dan voorzie je de Warré-romp met dunne latjes bovenop de romp zodat de gepaste diepte verzekerd is.

Probeer geen honingramen te transferen. Die zijn zwaar en hoogst waarschijnlijk komen ze los van de toplatten bij het manipuleren. Blaas wat rook in de starter. Zoek de koningin en plaats ze in een knijpkooi.

Fig. 6.5 Een koninginnenknijpkooitje

Schuif de bijenstarter opzij en zet een Warré-kast (een bodem met een verkleinde vliegopening, één romp met toplatten, een afdekdoek en een kussen) in de plaats. Het voordeel is dat de vliegbijen onmiddellijk de nieuwe kast zullen vinden en dus niet rondvliegen tijdens het transfereren. Leg de koningin in haar kooitje op de Warré-bodem.

Enkele meters verderop werk je aan de starter. Neem de ramen één voor één uit de doos. Besproei ze aan weerskanten lichtjes met water en schud de bijen in een zwermlokkast, een eenvoudige doos met een deksel en ventilatiegaten. Zie § 6.3.2.1. om te leren hoe je bijen afschudt. Als er veel open broed is, wees dan voorzichtig want je zou de larfjes ook uit de raten kunnen schudden. Gebruik een borstel indien nodig. Plaats elke raat die je zo vrij gemaakt heb van bijen in nog een andere doos tot je klaar bent. Sluit de zwermlokkast nu af en zet ze in de schaduw naast de Warré-kast.

Neem de doos met de ramen en ga naar de plek die je heb voorbereid voor het uitsnijden. Kies een werkblad dat je kan vervangen of makkelijk kan schoonmaken. Het is handig als je een mal hebt die je toont waar je moet snijden. (Uiteraard heb je die mal ook op voorhand gemaakt.) Zaag door de bovenkant van het raam en snijd met een mes de raat zelf van onder naar boven tussen twee raamdraden door. Knip de raamdraden door met een schaar of een tangetje. Plaats de raten in een tweede Warré-romp en bedek die om het broed warm te houden. Sommige imkers gebruiken een stevige snoeischaar om de bovenlat van de ramen door te knippen.

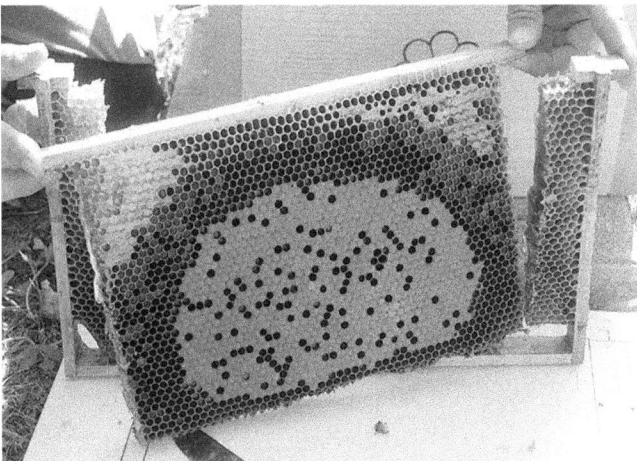

Fig. 6.6 Raat die werd uitgesneden in een bijenstarter

Als je dat wil, kan je de resten van de raat die je hebt gesneden recycleren. Plaats die in een speciale kader die je hebt voorbereid. Als je dat lukt, vergewis je er dan van dat de cellen juist georiënteerd zijn.

Zet de Warré-romp met de uitgesneden raat bovenop de eerste romp op de plaats waar de bijenstarter stond. Verwijder enkele van de toplatten om de bijen in de zwermlokkast terug in de romp te kunnen gieten en schudden. Plaats daarna die toplatten terug. Bevrijd de koningin op de bodem en sluit de kast af met doek, kussen en dak. Is de dracht klein op het tijdstip dat je de operatie uitvoert, plaats dan een voederbak. De kans is immers groot dat je heel wat van de honingvoorraad van het volk hebt weggehaald. Honingraat die is losgekomen van de ramen kan je in een voederbak aan de bovenkant van de kast teruggeven maar je moet ze eerst ontzegelen.

Maak het werkblad waar je de operatie hebt uitgevoerd grondig schoon om alle sporen van raat en honing te verwijderen en te vermijden dat er roverij ontstaat.

7. Beheer en opvolging

Alleen jij bepaalt hoe vaak jij je kast bezoekt. Het enige wat je beïnvloedt is de tijd die je ervoor hebt en de afstand die je moet afleggen. Warré geloofde dat een kast heel goed gedijt als je ze slechts één of twee keer per jaar controleert. Als je echter om je bijen bekommerd bent – en de meeste beginners zijn dat in hoge mate – dan vind je het allicht moeilijk om langer dan twee dagen bij je bijen weg te blijven. Hoe vaker je de kast bezoekt, hoe sneller je een oplossing voor problemen kan vinden als die zich voordoen. Nauwkeurig bijgehouden observaties van alle fenomenen – dat kan in een soort logboek, als je wil – monden uiteindelijk uit in een soort 'gevoel' of het goed gaat met je kast of niet. Als ik in de lente en de zomer op mijn standen aankom is het eerste wat ik doe: uitkijken naar zwermen.

Storch beschrijft in detail hoe bepaalde activiteiten rond de vliegopening kunnen worden geïnterpreteerd[34]. Alles gaat prima als er op een warme dag zonder regen een vastberaden aan- en afvliegen van bijen is waar te nemen en als velen van de vliegende bijen stuifmeel aanbrengen. Vooraleer een broedcel afgesloten wordt, zit die voor de helft vol met een gelijke hoeveelheid honing en stuifmeel (bijenbrood) en nog eens ongeveer een derde water. Ook volwassen bijen hebben stuifmeel en honing nodig. Dat laatste is de brandstof die ze nodig hebben om het broednest op een temperatuur van 35°C te houden.

Jarenlang heb ik het verkeer aan de vliegopening ingeschat door het aantal bijen dat per minuut aan kwam vliegen te tellen, maar mijn mentor vond dat getel nogal obsessief! Aanvliegende bijen kunnen beladen zijn met nectar of stuifmeel, water of propolis of ze dragen niets als ze een oriëntatievlucht uitvoeren, de kast schoonmaken of op verkenning zijn geweest. Het is moeilijk om meer dan 240 bijen per minuut (dat zijn er 20 in 5 seconden tijd) nog accuraat te tellen. Je kan ook tellen hoeveel van de aanvliegende bijen stuifmeel dragen om zo een idee te krijgen van het aandeel dat ze vormen van het totale aantal bijen. Dat verkeer aan de vliegopening hangt uiteraard af van heel veel factoren maar het geeft een beeld van de sterkte van een volk.

Als er geen activiteit is aan de vliegopening – bijvoorbeeld in de winter – leg dan je oor tegen de romp waar het broednest zich bevindt. Een ruisend gezoem geeft aan dat alles allicht goed gaat. Zijn de wanden van je kast heel dik, gebruik dan een

---

34 Heinrich Storch, *Aan de vliegopening* (2013); vertaling uit het Duits van *Am Flugloch*, Editions Européennes Apicoles, Brussel

goedkope stethoscoop waarvan je het diafragma hebt vervangen door een buis die je in de ingang kan schuiven. Leer de geur van een gezonde ventilatie aan de ingang herkennen.

Merk op dat het voor dagdagelijkse opvolging meestal niet nodig is om de kast langs boven open te maken. Dat zorgt alleen maar voor afkoeling van het broednest. Als je kast geen kijkvensters of -gaten heeft, als je geen bodem hebt waarin je een spiegel en een lamp kan schuiven en als je ook geen lift hebt, dan kan je heel voorzichtig de romp over de rand van de bodem naar achter schuiven om te zien hoe het staat met de evolutie van het nest en of het nodig is om een romp bij te zetten. Een spleet van 50 mm is voldoende. Draag er zorg voor geen bijen te verpletteren aan de ingang. Bekijk het volk met een spiegel en een lamp of – iets intrusiever – neem een foto met flits. Als de kast op slechts twee rompen staat is het ook mogelijk om het dak en het kussen weg te nemen, de rompen een vingerdikte naar voor te schuiven op de bodem en, terwijl je aan de zijkant van de kast staat, de rompen heel voorzichtig achterover te laten hellen en zo binnen te kijken. Hierbij moet je de kast wel ondersteunen aan de achterkant. Ook met drie rompen die stevig met propolis aan elkaar vastgekit zijn lukt dat nog maar wees er zeker van dat je het gewicht van de rompen kan houden terwijl je kijkt! Op zo'n moment kan je ook het afval op de bodem van de kast inspecteren of verwijderen (of een staal nemen voor later onderzoek). Open je kast maar uitzonderlijk om je bijen niet onnodig op stang te jagen. Meestal heb je geen rook nodig bij zo'n controle.

Een iets ingrijpender controle doe je door het afdekdoek voor de helft om te plooien. Tekenen dat het goed gaat zijn verzegelde honingcellen en bijen die naar boven komen op onderzoek.

Fig. 7.1 Verschillende kolonies in diverse stadia van evolutie in de onderste romp

Als je om de een of andere reden het broednest moet controleren – een interventie die Warré-imkers over het algemeen proberen te vermijden – kan je dat doen door een volledige romp of één enkele raat te bekijken (§ 7.2).

7.1 Enkele fenomenen aan de vliegopening

Oriëntatievlucht: Voor een bij haar rol als haalbij opneemt, zal ze zich eerst oriënteren. Je kan zo'n bijen voor de kast zien rondvliegen in steeds grotere cirkels om zich een beeld te vormen van de omgeving. Als die vluchten wat vinniger worden, denken beginners soms dat de bijen in zwermstemming verkeren. Soms is dat echter ook niet helemaal onwaar. Jürgen Tautz heeft uitgelegd hoe zo'n massale oriëntatievluchten een voorbode zijn van een op handen zijnde bruidsvlucht van een jonge koningin, ook al is het mogelijk dat dit niet op diezelfde dag nog gebeurt. Als je wat geduld hebt, kan je zelfs een koningin zien vertrekken of terugkomen met het paringsteken nog aan haar achterlijf. Het gezoem van haar vleugels is anders dan die van werksters.

Tuten: Pas nadat ik al enkele jaren bijen hield, hoorde ik een eerste keer het 'tuten' van pas uitgelopen jonge koninginnen. Dit spookachtig en verbazingwekkend luid lawaai combineert een schel gefluit, dat beantwoord wordt met een lager 'kwaken' van haar zusters die nog in hun doppen zitten. Het fenomeen is het best waar te nemen in de stilte van een windstille avond in de lente of de zomer.

Kadavers: Kadavers van larven, poppen en van dode of stervende bijen die uit de kast gesleurd werden, kunnen je helpen een zicht te krijgen op eventuele ziekten in de kast. Aan mijn kasten heb ik speciaal een grotere vliegplank getimmerd die dit soort monitoren vergemakkelijkt.

Darren: Op een mooie dag in de lente zie je meestal de eerste darren uitvliegen. In de nazomer, en soms nog later, worden ze genadeloos uit het volk en de kast verstoten en gedood.

Wachters: Soms zie je hoe een groep wachters een verdachte bij inspecteren die de kast wil binnendringen. Gedurende het hele proces neemt de vreemdeling een verzoenende houding aan.

Roverij: Door de band genomen wordt een kast maar beroofd door wespen of bijen uit een ander volk als de kolonie verzwakt is. Dat kan als er een falende koningin is of omdat er helemaal geen koningin meer in het volk is. Aanhoudende roverij vereist dus een verscherpte controle. Roverij treedt meestal laat in het seizoen op als nog maar weinig of helemaal geen nectar meer is. Vreemde bijen proberen via spleten de kast binnen te dringen en dagen aanhoudend de verdedigers van de kast uit. Je kan roverij vaststellen als wespen de kast binnendringen, als bijen met een blinkend abdomen de kast verlaten of als je kleine waspartikels aan de vliegopening ziet. Overweeg dan om een roverijscherm te plaatsen (zie § 2.4). Twee keer heb ik een erge vorm van roverij op mijn bijenstanden meegemaakt. Twee keer was dat, toevallig of niet, na het bezoek van een inspecteur. De orde werd hersteld door de vliegopeningen te verkleinen en een glazen plaat voor de ingang te plaatsen. De aldus gecreëerde chicane vormde geen hinderpaal voor de rechtmatige bewoners maar beperkte de ingang voor de rovers.

7.2 Inspectie van het broednest

Voor diverse redenen, maar in alle gevallen slechts uitzonderlijk, zal de kast moeten worden geopend langs de bovenkant. Voor zo'n operatie heb je minstens je basismateriaal bij je en een roker die goed aan de gang is.

7.2.1 Rompen inspecteren

Verwijder het dak en het kussen, maar laat het afdekdoek liggen. Maak de bovenste romp los van alle lagere rompen zoals beschreven in § 8.1. Als je enkel geïnteresseerd bent in die bovenste romp, schuif die dan zo'n 25 mm naar voor en kantel ze op haar achterkant. Schuif ze over de onderste rompen zodat de bijen niet worden verpletterd. De romp ligt nu op haar zijkant boven op de romp eronder. Bijen die zich vlak voor je bevinden kan je verdrijven met wat rook. Je kan nu tussen de broedraten kijken door ze met de vingers een beetje uit elkaar te trekken terwijl je met een beetje rook de bijen verdrijft. Het aantal gesloten broedcellen laat je de omvang van het nest inschatten. Om larven te zien zal je de raten meer moeten openen en ze onder de juiste hoek bekijken. In dat geval dan moet je de bijen met rook tegen de toplatten drijven. De koningin kan zich wel nog onder hen bevinden en kan averij oplopen. Er werd me gesuggereerd dat een tandartsenspiegeltje handig is voor dit soort inspectie.

Fig. 7.2 Een Warré-romponderstel

7.2.2 Individuele raten inspecteren

Ook inspectie van individuele raten is mogelijk in een Warré-kast. Toch wordt dit meestal alleen uitgevoerd als een officiële inspectie dat vereist of als de imker de kast opvolgt met het oog op de preventie van vuilbroed. Zoals reeds gezegd, veronderstelt het uitnemen van losgebouwde raten een grotere oplettendheid dan het uitnemen van ramen. Bevind je je in een land of Staat waar een regelmatige inspectie wordt geëist, overweeg dan om de variant van de Warré-kast met ramen of met halve ramen te gebruiken. Woon je in land waar je door een inspecteur controle kan krijgen: als je vindt dat de inspecteur onaanvaardbaar bruut met de raten omspringt, heb je het recht om zelf de raten te lichten en terug te plaatsen. Dat kan de inspectie ook versnellen; jij neemt uit en plaatst terug, de inspecteur controleert het broed. Merk echter op dat veel inspecteurs veel meer voeling hebben met de bijen dan de doorsnee beginneling en je rompen op een voorbeeldige manier zullen onderzoeken. Sommige inspecteurs in het VK hebben hun eigen L-vormig Warré-mes en zijn het gewend om raat uit een Warré-kast te lichten.

Als de raten niet parallel aan elkaar gebouwd zijn of als ze verschillende toplatten met elkaar verbinden, is het onmogelijk de raat te lichten zonder heel veel schade aan te richten. Eerst en vooral maak je de romp los die wil inspecteren zoals beschreven in § 8.1. Meestal zit de raat vast aan de zijkanten van de kast. Die moet je lossnijden. Hoewel dat van onderuit met een lang keukenmes zou kunnen een keer je de romp hebt gekanteld op haar zij, is het veel makkelijker met het L-vormig raatmes (§ 4.2).

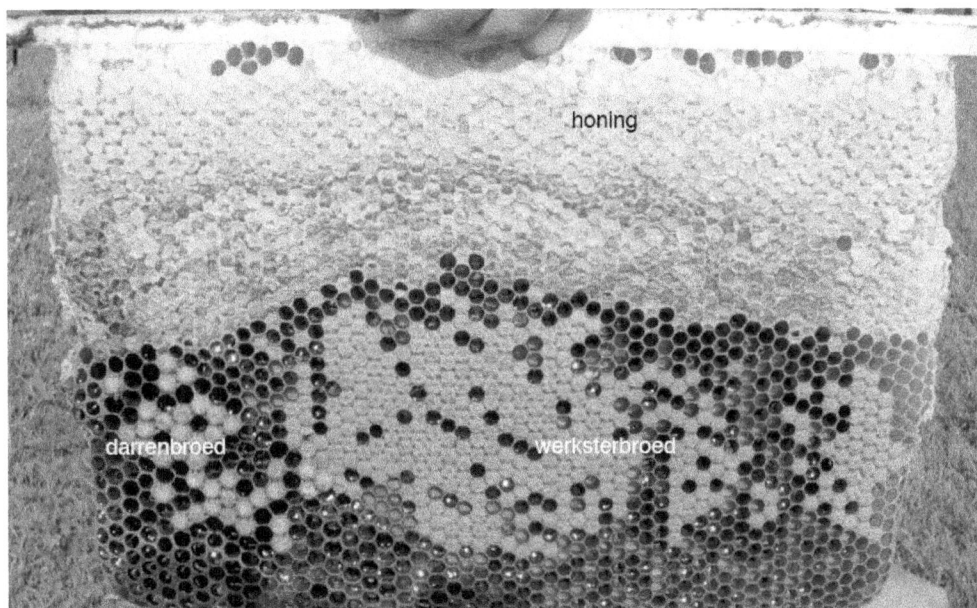

Fig. 7.3 Een raat klaar voor inspectie; bemerk hoe sommige cellen blinken met nectar

Het raatmes wordt tussen de raten neergelaten langs de zijkant van de kast en met het lemmet weg van de zijkant. Breng het mes in op een diepte die je vooraf hebt gemarkeerd als de diepte van een romp (210 mm – net boven de toplatten van de romp eronder). Draai het mes 90° zodat het lemmet zich onder de raat bevindt die je wil lossnijden. Dan trek je het mes naar boven, langs de zijkant van de kast. De raat komt los. Het is heel belangrijk dat je altijd naar boven toe werkt en geen kracht zet op de raat naar onder toe, omdat ze daardoor wel eens van de toplat zou kunnen scheuren.

Kom je met het mes aan de onderkant van de toplat, laat het dan weer zakken, draai het mes 90° tussen de raten en licht het mes uit de romp. Herhaal dezelfde handeling aan de andere kant van de raat. Dit procedé reduceert elke beschadiging van broedcellen tot een minimum en veroorzaakt maar weinig lekken in de honingcellen.

Van zodra de raat aan weerskanten vrij is, moet je de toplat lospeuteren als die vastzit. Omdat de mijne met eenvoudige nageltjes vastzitten kan ik mijn imkerbeitel onder de toplat plaatsen en die zo naar boven lichten. Om de raat uit te nemen gebruik ik twee beitels, één aan elke kant van de lat. Je kan het ook doen met een J-vormige beitel.

Daarna plaats je de raatstandaard boven de romp. Heel voorzichtig licht je de losgemaakte raat uit de romp en plaats ze in de standaard. Inspecteer de cellen, indien nodig met een zaklamp.

Plaats de raten terug in dezelfde volgorde en volgens dezelfde oriëntatie waarmee ze uit de romp kwamen. Je kan ze eerst losjes aan één kant zetten om het uitnemen van volgende raten wat te vergemakkelijken. Hun initiële positionering is heel duidelijk gemarkeerd door de afzet van propolis op de steunranden van de romp. Als je alle raten uit een romp hebt gehaald, voor bijvoorbeeld het maken van een kunstzwerm, kan je de toplatten vrij snel in hun initiële positie plaatsen met behulp van een toplattenmal, als je die tenminste hebt.

7.3 Verluchting

Een heel belangrijke factor die nauwlettend in de gaten moet gehouden worden op warme lente- of zomerdagen, is of de kast voldoende verlucht wordt. In koelere klimaatzones, zoals het noorden van Frankrijk waar Warré actief was is een vliegopening van 18 cm^2 voldoende voor de meest zomerse omstandigheden. Maar in warmere streken is misschien een grotere ingang of een ventilatieopening hoger in de kast nodig. Als een kast het té warm krijgt is dat duidelijk te merken omdat de bijen gaan 'baarden' rond de ingang en onder de vliegplank. Een deel van de bijen komt naar buiten om de hitte binnenin de kast te verkleinen en de verluchting te vergroten. Soms is dat een fenomeen dat zich beperkt tot het warmste moment van de dag maar in sommige gevallen kunnen de bijen er de hele nacht mee doorgaan. Als de verluchting onvoldoende is, kan de toegang tijdelijk groter gemaakt worden door de rompen op de bodem naar voor te schuiven zodat er een gat ontstaat die de volledige breedte beslaat over de rand van de onderste romp en de voorkant van de bodem. Hou er rekening mee dat de kast nu minder stabiel is. Je kan de overhangende voorkant stutten. Er kan bovenaan voor afkoeling gezorgd worden door het isolatiemateriaal in het kussen te verwijderen en als je dat in een katoenzak hebt zitten (bijvoorbeeld een oud kussensloop) is dat zo gebeurd. Een ander mogelijkheid is het kussen op vier houten blokjes plaatsen waardoor het kussen niet langer het afdekdoek raakt. Hierbij kan je het geluk hebben om net als Warré vast te stellen hoe de bijen de propolis van het afdekdoek weghalen. Als de kast in de namiddagzon onvoldoende schaduw krijgt, zal je misschien zelfs tussen elke romp voor verluchting moeten zorgen. Steek er twijgjes of lucifers tussen en zorg zo voor een extra verluchtingsspleet, zonder dat er een toegang ontstaat voor roofbijen of wespen. In het klimaat dat zo typisch is voor Wales, heb ik nog nooit tot ook maar één van die voorzorgsmaatregelen moeten overgaan.

7.4 Voorraden

Er moet iets grondig fout gaan als een Warré-kolonie in de lente of de zomer met een tekort aan honingvoorraad wordt geconfronteerd. Als je een volk in de kast heb ingevoerd onder slechte weersomstandigheden, heb je ze misschien enkele dagen van extra voedsel voorzien. Als er een lange periode van regen aanbreekt, waardoor het uitvliegen op zoek naar voorraad onmogelijk wordt, zal je misschien opnieuw moeten bijvoederen (§ 11). Ben je bezorgd over de omvang van de voorraden, dan moet je de kast controleren. Als je rompen hebt met kijkvenstertjes, dan kijk je naar de bovenkant van de raten in de bovenste romp. Helemaal bovenaan en vooral aan de zijkanten moet je verzegelde honing kunnen zien. Heb je geen ramen, dan kan je of controleren door de kast te openen of zonder ze te openen. Verkies je te controleren door de kast te openen, zorg dan dat je je roker bij de hand hebt en dat hij goed brandt. Neem het dak en het kussen weg; sla het afdekdoek voor de helft open en controleer de raten beginnend bij de achterkant. Zeker aan de zijkanten zou je verzegelde honing moeten zien. Verjaag de bijen met wat rook als ze je het zicht bemoeilijken. Sluit het afdekdoek na de controle en gebruik ook hiervoor wat rook mocht dat nodig blijken. Om te controleren zonder te openen, ga je de volledige kast of de bovenste romp wegen (§ 9.3).

7.5 Trage groei

Een bijenvolk kan zich zo traag ontwikkelen dat het frustrerend is. Er zijn vele redenen mogelijk: lange periodes van regen en kou; droogte; te lage temperaturen voor het seizoen; een lage beschikbaarheid van nectar en/of stuifmeel; een te klein volk om een vlotte start te verzekeren; een koningin waarbij het paren niet goed gegaan is of één die te oud of ziek en/of genetisch zwak is; een te hoge besmetting van het volk door belagers; een ziek broednest. Als er verhongering dreigt, zal je je bijen willen bijvoederen. Maar als voeding geen kritiek punt heeft bereikt, overweeg dan om de bijen met de schaarste te laten omgaan.

Meerdere Warré-imkers hebben al vastgesteld hoe een volk één of twee rompen tot aan de toplatten van de volgende romp vult en dan plots stil valt of zelfs gaat zwermen, hoewel er overduidelijk geen plaatsgebrek is. Dit fenomeen staat bekend als het 'valse bodem'-effect waarbij de toplatten in kwestie als een hindernis voor de ontwikkeling van het volk lijken op te treden. Slecht weer en lage voedselvoorraden in de omgeving kunnen dit in de hand werken. Ik sta al mijn volken toe zich te ontwikkelen aan hun eigen tempo en ik sta hen toe te zwermen. Een imker met minder geduld of een imker die omwille van omstandigheden aan zwermverhindering moet doen kan, hoewel dat behoorlijk storend is voor de bijen, een remedie vinden in het verplaatsen van een raam met broed naar een lagere, lege romp om zo de aandacht van de bijen te trekken op de lege ruimte. Ikzelf, en anderen met mij, heb geëxperimenteerd met het kantelen van de toplatten op hun kant zodat meer ruimte ertussen vrijkomt. De bijen gingen hun raten gewoon verder bouwen en de romp werd onhandelbaar. De oplossing is vervelend voor de imker, maar de enige remedie is de toplatten in de onderste rompen weglaten en in elke romp te werken met raatstutten. Het is een methode uit Japan bij het imkeren met *Apis cerana*, in een kast waar net als in de *Kast voor het volk* ook onderaan rompen worden toegevoegd.

7.6 Verstikking door honing

Twee keer kreeg ik te horen hoe, in een zeer productieve Warré-kast de nectarvoorraad zo overweldigend was, dat het broednest beperkt werd tot een kleine bol ergens in het midden van meerdere rompen. In Canada heeft dit soort 'verstikking' geleid tot verhoogde wintersterfte. Waarschijnlijk omdat de geometrie van de kolonie en de bijentros verre van ideaal was. De bijen beschikten over te weinig ruimte voor broedcellen om een hechte, sferische cluster te vormen. Nochtans is die nodig om het op te warmen volume te beperken en warmteverlies tegen te gaan. Het probleem werd door de betrokken imkers deels opgelost, door in de hoofddracht rompvolumes bovenaan de kast toe te voegen. Ze deden dat zonder een koninginnenrooster omdat de dikte van de honingvoorraad in de kast op zich al als dusdanig werkte. Die hoogsels kunnen lege Warré-rompen zijn met toplatten (al dan niet voorzien van een 'ladder': een uitgewerkte raat aan een toplat in het midden van de romp) of een volledige romp met uitgebouwde, lege raten. In het eerste geval zal er vooral gebouwd worden van beneden naar boven. Oogsten wordt dan een stuk moeilijker en gaat gepaard met veel lekken en het risico dat bijen verdrinken. Dat lekken kan vermeden worden door de romp ietwat op te lichten en met een kaasdraad de raten van de romp eronder los te snijden.

7.7. Falende koningin

Je merkt dat er een falende koningin in een volk is als er in de lente of de zomer, ondanks goede drachtomstandigheden, weinig verkeer is aan de ingang, als er weinig stuifmeel binnenkomt en als er, na een tijdje, abnormaal veel darren aan de ingang zijn. Als je een tweede kast hebt (of meerdere kasten) is het makkelijker om te vergelijken. Een vroege remediëring, als er nog (potentiële) zorgbijen aanwezig zijn, biedt een grotere kans om met succes het probleem te verhelpen, maar veronderstelt controle van het broednest. Als je nauwelijks werksterbroed bespeurt – een vlek op niet meer dan één of twee raten – in combinatie met niet belegde of opengebroken koninginnencellen, of nog erger alleen maar afgesloten darrenbroed, dan zal je misschien een nieuwe koningin willen introduceren, vooral als je veel geld geïnvesteerd hebt in je eerste kast. Herlees in § 7.2 hoe je op broed controleert, hetzij in de romp zelf, hetzij door de raten uit te lichten. De leverancier waar je je bijen kocht zal je in de regel ook een vervangkoningin kunnen bezorgen, hetzij gratis, hetzij tegen een kleine vergoeding. Als je enkel met zwermen werkt, kan je overwegen een nieuwe koningin te introduceren door het verenigen van je kolonie met een andere zwerm of nazwerm (§ 7.8). Geen enkele methode is gegarandeerd succesvol. De kleinste kans op succes komt er door het invoeren van een koningin die nog niet door de werksterbijen aanvaard is. Een reeds bevruchte koningin introduceren spaart je een maand tijd uit. Die maand verlies je als je een raam met open broed invoert of als je het aan de kolonie overlaat om zelf een nieuwe koningin op te kweken.

Voor je een nieuwe koningin introduceert, moet je eerst de falende koningin verwijderen. Die dien je daarom eerst te vinden door elke raat afzonderlijk te bekijken (zie hierboven) en de bekeken raten tijdelijk in een andere romp onder te brengen, of, als dat geen resultaat oplevert, door een filter – een koninginnenrooster – te gebruiken. Die laatste methode is ingrijpend. Om te vermijden dat de koningin in paniek raakt en daardoor nog moeilijker te vinden is, gebruik je geen rook bij het zoeken. Over de filtermethode zegt Warré: 'Plaats alle bezette rompen aan één kant naast de kast. Op de bodem plaats je, volgens de sterkte van de kolonie, één of twee lege rompen. Bovenop de lege rompen plaats je het koninginnenrooster. Bovenop het rooster plaats je nu alle rompen die je opzij gezet hebt. Maak de bovenste romp open en blaas overvloedig rook. Doe dat snel. Als alle bijen uit de bovenste romp afgedaald zijn, haal je die weg en doe je hetzelfde met de volgende rompen. Als je aan het rooster komt, blijven alleen de koningin en de darren over. Je vernietigt ze of je zet haar in een kooitje als je ze elders wil gebruiken. Van een verzameling dode koninginnen kan je een excellent feromonenlokmiddel maken door ze te bewaren op alcohol. Wil je dat doen dan kan je de koningin doden door ze in te vriezen.

Als je tijdens zo'n inspectie één of meerdere koninginnencellen opmerkt (met een larve in koninginnenbrij of een cel die al afgesloten is) dan is de kolonie zelf bezig met het maken van een vervangkoningin. In dat geval wil je er misschien voor kiezen om de kolonie op natuurlijke wijze een nieuwe koningin te laten krijgen. Maar als er weinig of helemaal geen broed is, ondanks veel drachtplanten, kan je er toch voor kiezen om zelf een nieuwe koningin in te voeren.

Ongeveer één à twee uur nadat je de kolonie haar koningin ontnomen hebt, kan je de nieuwe koningin inbrengen. Doe dat met een kooitje zodat de bijen aan het aroma van de indringster kunnen wennen. Het reiskooitje waarin je de koningin kreeg kan daar perfect voor dienen, maar je moet de bijen die haar begeleiden wel weghalen, het gat vrijmaken en het met bijensnoep vullen. Doe dat in een plastiek zak of in een auto met gesloten ramen of in een afgesloten ruimte. Dan kan je de koningin vangen mocht ze wegvliegen. Moet je de koningin overbrengen in een echt invoerkooitje, neem dan dezelfde voorzorgen. Plaats het kooitje tussen de raten bovenaan het broednest en bij voorkeur in de buurt van gesloten broed, als dat er al is. Vergewis je er van dat je de kurk dat het gat afsluit weggenomen hebt en het gat zelf met bijensnoep afgesloten hebt. Zorg er eveneens voor dat het gaas van het kooitje niet afgedekt wordt door raat, de wanden van de kast of toplatten. Controleer het kooitje na enkele dagen. Als het lijkt alsof bijen het aanvallen, laat het dan gewoon wat langer hangen. Pas als de koningin bevrijd is, omdat de bijen de bijensnoep hebben weggegeten, haal je het kooitje weg. Je hoeft vervolgens niet meer naar je kast te kijken. Het zal vanaf nu nog minstens 21 dagen duren voor je kolonie zich weer zal ontwikkelen.

7.8 Zwakke volkeren verenigen

Gaat een kolonie merkbaar achteruit, is ze vrij van ziektes en wil je niet proberen om ze een nieuwe koningin te geven via een kooitje, dan blijft er nog de optie om de bijen en het broed te redden door de kolonie te verenigen met een andere kolonie die het beter doet. Dat kan een zwerm zijn of een kolonie in een Warré-kast.

Het is aangewezen de koningin die je niet wil behouden uit het desbetreffende volk te verwijderen. Nochtans kan er ook worden beslist om het aan de bijen van de verenigde kolonie over te laten welke van de twee koninginnen ze kiezen. Mijn ervaring heeft geleerd dat de kans dat de minder goede koningin het haalt bijzonder klein is, of dat ze allebei omkomen. Voor het verenigen van volken gebruik ik krantenpapier en de sterkste kolonie krijgt de controle over de toegang. Vouw een stuk krantenpapier in twee en perforeer dat met een mes. De bedoeling is om op sneetjes te maken eerder dan gaatjes. Ik doe dat op een dik tapijt. Neem de krant, een plantenspuit en je roker mee naar de te verenigen volken. Verwijder de beide daken en kussens. Haal het afdekdoek weg van de kolonie die het andere volk ontvangt en controle krijgt over de toegang. Vervang het afdekdoek door de krant. Maak ze goed nat. Als er veel wind is, leg er dan voorlopig enkele keien op. Zet nu het zwakke volk op de krant, dek af met een afdekdoek, een kussen en een dak. Laat de kast minstens 24 uur met rust. De bijen bijten zich een weg door de krant, de twee geuren vermengen zich en de bijen aanvaarden elkaar. Als er papierresten aan de ingang liggen, weet je dat alles goed verloopt. Als de verenigde kast moet verkleind worden, omdat je bijvoorbeeld wil inwinteren op twee rompen, rook dan de bijen in alle rompen die je wil wegnemen naar beneden en verwijder de rompen. Rompen zonder broed die je toch in de kast wil houden, worden het best onder het broednest geplaatst; een romp met een voorraad honing blijft bovenaan.

Verenig je een zwerm met een zwakker volk om het een goede koningin te geven dan is de methode eigenlijk identiek. Maar eerst wordt de zwerm in een Warré-kast overgebracht en vervolgens bovenop het zwakkere volk geplaatst. Als het over een kleine zwerm gaat, kan het langer dan een dag duren voor de krant doorgebeten is en de beide volken elkaar aanvaard hebben. Slechts uitzonderlijk breken met deze methode gevechten uit.

Bij een 'snelle en brutale' vereniging van een zwak volk met een zwerm wordt het invoeren van de zwerm in een kast geslagen. Een romp, die als trechter dienst doet, wordt op het zwakke volk geplaatst nadat het afdekdoek verwijderd is en de bijen naar beneden werden gerookt. Blaas ook door de vliegopening wat rook om de geur van het volk te camoufleren. De zwerm wordt vervolgens in de lege romp gegoten en overvloedig berookt. Eens klaar plaats je het afdekdoek, het kussen en het dak. Hier is het risico op vechten groter. Bijvriendelijker dan overvloedige rook, is sproeien met een suikersiroop (1:2 suiker:water) vermengd met een druppeltje etherische olie (bv. pepermunt) die de oude en de nieuwe bijen licht verdoofd. Net als rook camoufleert die oplossing de twee geuren. Het poetsen dat op de operatie volgt, verstrooit de bijen.

7.9 Zwermen

Kolonies gaan zelden zwermen in het jaar dat ze in een kast werden ingevoerd. Toch gebeurt het af en toe. Een heel potente koningin in combinatie met een uitzonderlijk goede dracht, kan resulteren in een late voorzwerm. Zorg dus dat je ten allen tijde voorzien bent om de kast naar onderen toe uit te breiden en extra nestplek te voorzien zodat je tenminste een beperking van de groei door plaatsgebrek uitsluit. Als je bij het toevoegen van een romp onderaan een dikke tros bijen opmerkt die ogenschijnlijk niets aan het doen zijn, kan dat een zich organiserende zwerm zijn die één van de volgende dagen gaat vertrekken. Als de bijen baarden rond de ingang is dat een teken dat deze tros de kast heeft verlaten om de binnentemperatuur naar beneden te halen. Activiteit rond de ingang van je zwermlokkasten wijst er ook op dat er zich mogelijks een zwerm aan het vormen is. Meer over zwermen in § 14.1.

Fig. 7.4 Een tijdelijk scherm voor de ingang om roverij tegen te gaan. Bijen brengen stuifmeel van klimop (Hedera helix) binnen; rechts bijen die zijn bedekt met stuifmeel van de reuzenbalsemien (Impatiens glandulifera).

8. Uitbreiden – onderaan rompen toevoegen

Ik breid de kast uit met een derde romp als de tweede halverwege volgebouwd is. Af en toe word ik verrast en is de tweede romp al tot tegen de bodem volgebouwd. Het probleem is dat het plaatsgebrek de bijen misschien al in een zwermstemming gebracht heeft. Bovendien kan het volk een stuk defensiever zijn als het broednest tot helemaal onderaan reikt, dan als het broednest nog enkele centimeters boven de bodem hangt. Warré beweerde dat alle rompen die voor een seizoen nodig zijn in één keer, bij de voorjaarscontrole (als de madeliefjes bloeien) kunnen worden toegevoegd. Dat kan best waar zijn voor het noorden van Frankrijk, waar misschien een maximum van vier of vijf rompen volstaan, maar in rijkere drachtgebieden is die keuze onpraktisch omwille van het risico dat een kast omwaait omdat ze topzwaar geworden is.

Vroeg of laat komt het moment dat ook een kast met maar twee rompen te zwaar geworden is om door één persoon getild te worden. Als dat zo is en je wil bijvoorbeeld een derde bak bijzetten, haal er een assistent bij en geef die een goede bescherming. Neem het dak en het kussen weg en alle bevestigingen waarmee de kast aan de voet vastgemaakt is. Vervolgens neem je de kast aan weerszijden vast. Je plaatst de rompen op een Warré-onderstel. De bodem blijft staan en meteen heb je een uitgelezen moment om de bodem te inspecteren en indien gewenst het afval eraf te schrapen of een nieuwe bodem te plaatsen. Van zodra dat gebeurd is, zet je een nieuwe romp met toplatten op de bodem en daarop komen de rompen die je eerder wegnam. De oriëntatie van de rompen is als voorheen. Daarna sluit je de kast weer af.

Heb je noch een lift, noch een assistent dan zijn er twee andere mogelijkheden. De eerste veronderstelt het ontmantelen en het opnieuw samenstellen van de kast en dat is hoogst ingrijpend, maar het is misschien de enige optie die je op een veilige manier kan toepassen (§ 8.1). De tweede, gevolgd door John Moersbacher, is minder ingrijpend voor de bijen, maar vraagt een grotere inspanning van de imker omdat ze een aantal stappen veronderstelt die in twee richtingen uitgevoerd moeten worden (§ 8.2).

8.1 Wegnemen van rompen

Elke manipulatie aan een kast – het scheiden en het vervangen van rompen – impliceert het risico dat er bijen verpletterd worden. Los van het feit dat je wil vermijden om bijen te verliezen kan het (onopzettelijk) verpletteren van bijen betekenen dat je het bijenvolk in een staat van alarm brengt, waardoor je ingreep bemoeilijkt wordt. Voor dat soort ingrepen zijn een veer en een roker dé hulpmiddelen om ervoor te zorgen dat de bodem en de randen van de rompen waaraan je werkt tijdens de manipulatie vrij zijn van bijen. Een romp zachtjes verschuiven is meestal bijvriendelijker dan ze gewoon neerzetten. Maar ook bij het verschuiven moet je nog op je hoede zijn dat er geen bijen vastzitten tussen de randen van rompen of bodems.

Een ander risico zit hem in het inkapselen van de koningin waardoor haar onderkaken beschadigd worden. Dit kan zelfs leiden tot haar dood door oververhitting of omdat ze gestoken wordt. Bij het werken aan mijn Warré's heeft het fenomeen zich nog niet voorgedaan maar ik heb het wel al gezien in mijn andere kasten (*British National*). Het risico is groter met pas ingevoerde koninginnen. Een remedie is de tros rond de koningin te beroken zodat deze uiteenvalt, de kast zo snel mogelijk weer afsluiten en de ingreep indien mogelijk even uit te stellen. Hou daar iedere keer dat je de kast openmaakt rekening mee.

Als je op een zonnige dag, wanneer de meeste bijen in het veld op zoek zijn naar voedsel, een ingreep wil doen, wees dan zeker dat je een werkende roker bij de hand hebt, net als je wiggen, je onderstel, eventueel een nieuwe bodem en een lege romp voorzien van toplatten met wasstarters. Warré adviseert om wat rook in de kast te blazen aan de vliegopening, om de bijen te vertellen dat je er bent. Dit doe ik meestal niet. Als ik rook gebruik, heb ik daar een goede reden voor maar dit is niet zo'n gelegenheid.

Neem het dak en het kussen weg, maar laat het afdekdoek liggen. Maak met je imkerbeitel de bovenste romp los van die eronder. Licht de romp niet meer dan 3 mm; door zo'n smalle spleet kunnen de bijen niet wegvliegen. Manoeuvreer de romp in de richting van de klok en daarna tegen de richting van de klok om verbindingen van de raat met de romp eronder te breken. Gaat dat niet zonder inspanning, forceer de boel dan niet maar snij de romp los met je kaasdraad.

De veiligste manier om bij die ingreep geen bijen te beschadigen gaat als volgt: begin aan de voorkant van de kast door je imkerbeitel op 25-50 mm van de hoek onder de bovenste romp te steken zodat je de kaasdraad in de opening kan brengen. Plaats een wig zodat je een spleet hebt van 3 mm. Doe hetzelfde aan de andere kant. Je kaasdraad ligt nu op de voorkant van de romp die op twee wiggen rust. Trek nu voorzichtig de kaasdraad naar achteren, eerst aan de ene kant, dan aan de andere, dan weer aan de eerste kant, enz. Snij altijd haaks op de raten, nooit parallel! Een lichte zaagbeweging kan helpen. Als de kaasdraad ongeveer 30 mm van de achterkant zit, bestaat het gevaar dat je bijen gaat onthoofden. Trek niet verder maar haal je de kaasdraad weer weg door hem in omgekeerde richting te trekken. Haal tot slot ook de wiggen weg.

Propolisverbindingen tussen de raat en de toplatten van de romp eronder kan je loswerken door de romp naar achteren toe te kantelen. Je opent nu de kast en wel in het hart van het broednest, dus wees voorzichtig. Hou je imkerbeitel en je roker in aanslag. Neem een kleine pauze, laat de romp op houten blokjes of takjes rusten en kijk hoe de bijen op het licht en de kou reageren. Lijken ze kalm te blijven, ga dan verder. Als de bijen geagiteerd zijn, blaas dan wat rook. Als ze je aanvallen, bedenk dan dat dit misschien niet het goede moment is om te doen wat je wou gaan doen. De stemming van een kolonie kan verschillen van dag tot dag. Als je beslist om de kast weer te sluiten, blaas dan wat rook over de rand zodat je de bijen daar verdrijft en ze niet verplettert. Heb je echter geen andere keuze dan verder te doen, dan kunnen meer rook en een snelle maar bedachtzame handeling helpen.

Telkens als de toplatten ontbloot worden adviseert Warré om ze vrij te maken van propolis en raat. Ik doe dat nooit routinematig. Niet alleen agiteren de trillingen de bijen op de raat onder de toplat, het is in vele gevallen ook onnodig. De enige keer ik het nodig acht om te gaan schrapen is als er een aanzienlijk stuk raat van de bovenste romp op de toplatten van de romp eronder is blijven plakken.

Neem de romp er vervolgens volledig af en plaats die op een tijdelijk Warré-onderstel (fig. 7.2). Ga zo verder met de volgende romp tot je aan de bodem komt. Elke romp die je wegneemt, bedek je met een reserve afdekdoek of een stuk karton, enz. om zo de warmte binnen te houden. Gebruik je roker als de bijen zenuwachtig worden. Als je de bodem moet proper maken, blaas dan eerst rook of borstel eventuele bijen die er nog op zitten weg. Je zal misschien ook willen controleren op varroa of andere aandoeningen. Om de tijd dat de kast uiteengerukt is te beperken kan je beter een reserve bodem plaatsen. Zet je nieuwe romp op de bodem en bouw de kast weer op van onder naar boven en houd rekening met de originele oriëntatie. Vermijd het om bijen te verpletteren tussen de randen van de rompen. Rook en een borstel kunnen helpen. Je kan elke romp ook op zijn plaats schuiven van achter naar voor, maar wees toch maar voorzichtig dat je geen bijen onthooft als de romp op zijn plaats komt te staan.

8.2 Uitbreiding – stap voor stap

John Moerschbacher zegt dat als deze methode zacht en traag uitgevoerd wordt je de bijen bijna niet stoort, zeker als ze raat nog niet helemaal tot onderaan hebben aangebouwd. Nochtans beschouwen sommigen deze manipulatie als de laatste optie in de rij omwille van de vele handelingen die telkens weer het risico vergroten op onbedoelde schokken. Je roker moet goed aan de gang zijn voor je aan de operatie begint. Misschien heb je hem niet nodig om de bijen te kalmeren maar wel om ze van de randen te verdrijven als je de rompen terugplaatst.

Deze manier van uitbreiding is makkelijker als de kast laag bij de grond staat, als de bodem bijvoorbeeld op stenen of dikke houten steunen rust. De methode kan worden toegepast in twee of meer stappen. Meer stappen geeft meer stabiliteit, maar hoe dan ook hangt de methode samen met de mate waarin rompen aan elkaar vast gepropoliseerd zijn. Vermijd evenwel om onnodige kracht op de verbindingen tussen de rompen te zetten. Als je twijfelt of rompen genoeg aan elkaar plakken breng dan extra verbindingen aan om de rompen samen te houden. Maar deze methode laat niet toe om de bodem te reinigen.

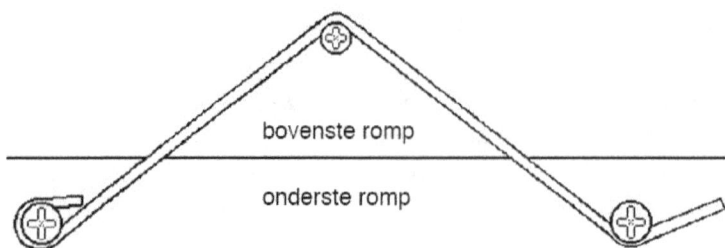

Fig. 8.1 Een Z-vormige spanband voor het vasthechten van rompen

Plaats niet zo ver van de kast een tijdelijk onderstel dat iets hoger is dan de kast: enkele stenen, een oude voederbak, een lege romp, wat dan ook. Terwijl je voor de kast neerknielt, hel je die naar voor en schuif je ze naar achter zodat de achterkant op de rand van het tijdelijke onderstel rust. De voorkant rust op de originele bodem. Zet de romp die je wil toevoegen zover je kan op de bodem. Laat nu de rand van de kast zo ver naar achter hellen dat de onderkant boven de nieuwe romp komt. Doe dat van achter de kast en laat ze rusten op de nieuwe romp. Schuif de gehele kast – mét de nieuwe romp – op de bodem en zet die op zijn originele plaats als hij verschoven is.

Zij die zich niet op hun gemak voelen om een kast zover als nodig te laten overhellen – met drie of vier rompen kan het een risicovolle onderneming zijn – kunnen er voorkiezen de manipulatie in twee stappen uit te voeren. Bij elke stap laat je dan de kast een kwart in plaats van de helft overhellen. Voorzie bij elke stap voldoende steunen en kastonderdelen.

8.3 Mechanisch optillen

Het kan een gedoe zijn om je lift op je bijenstand te krijgen – en door het gewicht van de mijne spreek ik uit ervaring – maar het is veruit de meest aangename manier om je kast uit te breiden. Hoewel ik steeds een roker bij de hand heb, gebruik ik hem haast nooit voor dit soort klus. Ik neem het dak weg, stel de vorken van de lift af op de gewenste hoogte. Ik schuif de basis van de voet bovenop het onderstel van de kast met de vorken onder de handvatten van de romp die ik wil optillen en ik zet de handel onder spanning zodat de propolisverbinding tussen de onderste romp en de bodem breekt. Vervolgens til ik de rompen op naar de gewenste hoogte. Een nieuwe romp wordt rustig over de bodem van langs voor op zijn plaats geschoven nadat ik vooraf de bijen heb verdreven en terwijl ik er op let geen bijen te onthoofden als de romp op zijn plaats komt. Zijn er zoveel bijen op die plaats dat het risico ze te verpletteren zo groot is, gebruik dan rook om ze van de randen te verdrijven. Daarna laat je de kast zakken op de nieuwe romp en ook hier verwijder je bijen die op de randen zitten met een veer, borstel of roker.

Fig. 8.2 Een nieuwe romp plaatsen met behulp van de Warré-lift

9. Oogsten

Ik ga het nu hebben over het oogsten van honing én wasraat. Was is een nevenproduct bij het oogsten, maar alle andere nevenproducten zoals koninginnenbrij en propolis laat ik aan de bijen. Raat oogsten uit de bovenste romp van een Warré-kast maakt deel uit van de raatvernieuwing die rechtstreeks volgt uit haar bedrijfsmethode.

Als er in de kast meer honing zit dan je weet dat de bijen zelf nodig hebben, is het mogelijk enkele raten te oogsten (§ 9.4) of ineens een hele romp. Warré raadt één enkel oogstmoment aan: aan het einde van de zomer of in de vroege herfst. Er bestaan nogal wat afwijkende oordelen over het tijdstip. Sommigen vinden dat het beter is om de honing de hele winter aan de bijen te laten, zodat je het risico niet loopt om te veel weg te nemen en pas in de lente te oogsten. Maar dan bestaat weer het risico dat de bijen niet over voldoende voorraad beschikken in de zomer, zeker als het weer niet zo bijster is. Dat kan al eens het geval zijn waar ik mij bevind. Ik oogst in september als de meeste drachtplanten zijn uitgebloeid. Toch weet ik dat er tot november nectar te halen valt van de reuzenbalsamien (*Impatiens Glandulifera*), de Japanse duizendknoop (*Reynoutria Japonica*) en van de klimop (*Hedera Helix*). Ik reken niet op die bloemen en al in september ga ik inschatten hoeveel honingvoorraad de bijen hebben en wat ik zonder gevaar kan wegnemen. Is er een overvloed, d.w.z. meer dan de bijen nodig hebben, dan kan je enkele raten of volledige rompen oogsten. Misschien zal dat in je eerste seizoen niet het geval zijn, zeker niet als je pas laat in het seizoen met je kast begonnen bent. Er kunnen ook hierover echter geen harde regels opgesteld worden omdat op sommige plaatsen kolonies op spectaculaire wijze in gewicht kunnen toenemen.

Honingsoorten uit koolzaad en klimop die snel versuikeren in de zolders van traditionele kasten vormen geen probleem in een Warré-kast, op voorwaarde dat ze worden geoogst in het zelfde seizoen als ze worden binnengebracht en dat de honing gewonnen wordt binnen de twee dagen na het oogsten. Of het uitblijven van problemen met dit soort honing te wijten is aan de goede warmtehuishouding in de kast en aan het feit dat de koningin vrij over de hele kast kan rondlopen, is nog in grote mate het onderwerp van speculaties.

Honing bevat organische zuren die corroderen met sommige metalen. Voor het verwerken en opslaan van honing komen volgende materialen in aanmerking: glas, geglazuurd aardewerk, roestvrij staal en plastiek van een goede kwaliteit.

9.1 Wat is een overvloed aan honing?

De laatste paar jaar heb ik uit meerdere van mijn kasten bijna geen honing geoogst of hoogstens enkele raten, terwijl er me verhalen bereikten over Warré-imkers uit andere delen van de wereld die tot 43 kg per kast oogsten (op een gemiddelde van 9 kasten). Mijn laatste goede zomer was in 2006, met 20 kg per kolonie, maar toen had ik nog geen Warré-kasten. Door de band genomen wordt er in het VK uit een kast met uitwisselbare ramen gemiddeld 14-18 kg gewonnen en een grondig onderzoek naar de honingopbrengst in het zuidoosten van Engeland spreekt over 18 kg per kolonie voor de jaren 2005-2012. Voor 2010 heeft het departement voor Landbouw in de VS het over 30 kg honingopbrengst per kolonie. Over het algemeen gelooft men dat er minder uit een Warré-kast te halen valt dan uit een kast met uitwisselbare ramen omdat er niet met honingzolders gewerkt wordt en omdat er ook geen raten hergebruikt worden zoals in raam-kasten. Jean-Claude Guillaume, die toen nog in België woonde, deed een vergelijkend kosten-batenonderzoek tussen Dadants (raam-kasten) en Warré's waarbij hij uitging van een gemiddelde opbrengst van 12 kg per kast[35]. Als er geen honingzolder gebruikt wordt of geen raten hergebruikt worden, zetten ze meer nectar om in bijenwas. Ook dat is kostbaar en wordt uiteindelijk gezuiverd te koop aangeboden, dus in de vergelijking moet daar ook rekening mee gehouden worden. Veel Warré-imkers zijn hoe dan ook niet in de eerste plaats geïnteresseerd in het winnen van honing uit hun kasten, maar beschouwen het als een occasionele bonus voor het plezier van het houden van bijen.

9.2 Hoeveel kan ik wegnemen?

Als je in het aanbevolen seizoen gaat oogsten, laat dan voldoende honing voor de winter. Warré bepaalde dat 12 kg voor zijn omgeving het minimum was. Ik heb omgerekend dat dit minstens 6 volle raten zijn die alleen maar honing bevatten. In het milde westen van Wales heb ik ondervonden dat 9 kg vaak meer dan genoeg is. Dat is ongeveer driekwart van wat ik doorgaans aan mijn bijen laat voor de winter in raam-kasten. Speel toch maar op veilig tot je een heel goed beeld hebt van wat jouw kast exact nodig heeft. Warré rekende uit dat raamkasten meer honing nodig hebben voor de winter dan de *Kast voor het volk*, dus kan je mikken op 80% van dat gemiddelde.

Als je de raten één voor één wil tellen, open dan de kast, volg de methode in § 8.1 en tel de raten met verzegelde honing vanaf de onderkant. Dat is belangrijk want als je vanaf de bovenkant telt, zie je niet of de raten volledig zijn gevuld. Omdat deze methode storend is voor de bijen en je de kast bovendien helemaal niet dient de openen als er geen overschot is, kan je de voorraad ook gaan inschatten door ze te wegen.

9.3 Wegen

Ervaren imkers wegen hun kast door hun kast langs achter op te tillen of, in het geval van de *Kast voor het volk*, door een zijkant op te tillen en het gewicht te 'voelen'. Je

---

35 http://warre.biobees.com/guillaume_cost_benefit_analysis_2012.pdf of: Jean-Michel Frères en Jean-Claude Guillaume, *L'Apiculture Ecologique de A à Z*, Editions Marco Pietteur, 2013, pp.

kan je daarin bekwamen door lege rompen te vullen met verschillende gewichten van, zeg maar 5, 10 of 15 kg en te kijken hoe die aanvoelen als je ze opheft. Wil je een meer nauwkeurige stand van zaken, gebruik dan een weeginstrument (§ 4.2). Waar ik woon, volstaat het om alleen de bovenste rompen te wegen. In heel koude streken waar misschien meer dan een volledige romp aan de bijen moet gelaten worden, weegt men de bovenste twee rompen. Om dat te doen verbreek je de propoliszegel onder de tweede romp die je moet wegen en maak je de raten los van de toplatten in de romp eronder zoals beschreven in § 8.1. Er kunnen geen bijen naar buiten bij dit procedé. Haak je weeginstrument vast aan één van de handvatten. Til de romp(en) niet hoger dan 3 mm en doe hetzelfde met je weeginstrument onder het andere handvat. Tel de twee waarden op en deel de som door twee om het gemiddelde te kennen. Trek daar het eerder bepaalde gewicht van een lege romp (mét toplatten) van af (§ 4.2). Trek ook nog eens het gewicht van de raten af (1 kg voor 8 lege raten) én het gewicht van de bijen zelf (geschat op 1 kg per romp). Als je heel laat in het seizoen weegt, reken dan 0.5 kg voor de bijen per romp. Nu heb je een idee van de gezamelde voorraad honing en stuifmeel. Reken voor de veiligheid maar dat ongeveer 1/10 van dat gewicht stuifmeel is.

Het is minder storend voor de bijen om twee rompen tegelijk te wegen zonder ze van elkaar los te maken. Dat geeft een iets minder nauwkeurig resultaat maar als er een grote voorraad is, kan de bovenste romp apart worden gewogen.

9.4 Individuele raten oogsten

Als er maar zoveel voorraad is dat je niet meer dan enkele raten kan oogsten, dan doe je er beter aan het oogsten uit te stellen tot het voorjaar, om dan een nieuwe stand van zaken op te maken. Als je op dit tijdstip enkele raten wegneemt, slaat dat zeker een gat in de inrichting van de kast en dat heeft mogelijks een slechte thermische invloed op de warmtehuishouding in de winter. Je zou de honing uit de raten kunnen winnen en die daarna terugplaatsen terwijl ze nog aan de toplatten vast zitten. Om honing te extraheren moet je echter speciale kooien hebben die in een honingslinger passen en die de raat ondersteunen tijdens het slingeren, maar ik ken niemand die dat doet.

Als er bij het begin van de lentedracht nog een groot overschot honing is, kan je een raat of twee wegnemen, gewoonlijk aan de buitenkanten. Hoe je raat snijdt met het Warré-mes wordt beschreven in § 7.2.2. Neem je roker mee en de rest van je basisuitrusting. Daarnaast heb je nog een recipiënt nodig voor het opslaan van voedsel met een hermetisch af te sluiten deksel. Dat plaats je naast de kast met het deksel er los er op. Voor weinig geld koop je emmers uit polypropyleen die ook door bakkers en patissiers gebruikt worden. Twee lussen gemaakt uit dikke ijzerdraad zijn handig voor als de raat loskomt en je deze dus niet aan de toplat uit de kast kan lichten. Voor je de raat licht, moet je de bijen aan weerskanten eerst lichtjes beroken. Als er niet veel bijen zijn, is roken niet nodig. Losgekomen of losgewerkte toplatten kan je eventueel enkele minuten terughangen zodat de bijen ze schoon kunnen likken. Let er op dat je de raat niet beschadigt als je ze uit de romp licht en borstel bijen die er nog op zitten weg van zodra je de raat helemaal uit de romp gehaald hebt. Leg de raat in je recipiënt en snij die van de toplat, maar laat ongeveer 5 mm raat eraan. Sluit je recipiënt en plaats de raat terug in de romp. Wees je ervan bewust dat er roverij kan ontstaan als je honing morst.

9.5 Volledige rompen oogsten

Als je vaststelt dat er na het wegen of tellen van de honingvoorraad ook voldoende is voor de bijen, dan kan je het overschot in één of meer rompen voor jezelf nemen. Is de voorraad te klein, dan ben je verplicht de romp tot het volgende seizoen te laten staan en mis je de mogelijkheid om oude raat te vervangen. Dat is niet ideaal maar het is ook weer niet onoverkomelijk. Verschillende auteurs beschrijven hoe ze raat van 20 jaar oud hergebruiken. Mijn mentor had raten in zijn honingzolders die 30 jaar oud waren! Nochtans kan je de volgende lente het wegnemen van rompen forceren op de manier die ik beschrijf in § 13.1.

Samen met je basisuitrusting, neem je plastiek zakken mee naar je bijenstand die groot genoeg zijn om er een geoogste romp in te verpakken. Een plank die onder de romp gaat en een andere die er bovenop gaat, kan ook. Zakken en planken dienen niet enkel om gemorste honing op te vangen maar ook om roverij tegen te gaan.

Voor je honing kan nemen moet je eerst de bijen uit de romp krijgen. Warré en Guillaume leggen uit hoe je de bijen naar beneden, uit de romp, drijft met rook. Mijn ervaring heeft geleerd dat dit veel tijd in beslag kan nemen en niet altijd een gegarandeerd succes betekent. Bovendien kan de rook de smaak van de honing beïnvloeden en kunnen er kleine partikels as in terecht komen die er verdacht uitzien in een honingpot, behalve als je de honing eerst door een hele fijne zeef laat lopen. Rook is ook minder bijvriendelijk dan de methodes die ik hieronder beschrijf.

Eerst en vooral maak je de romp los zoals beschreven in § 8.1. Eventueel kan je de romp op drie of vier wiggen van 3 mm plaatsen en die een kwartier zo laten staan waardoor de bijen eventuele gescheurde honingcellen kunnen schoonlikken. Haal het afdekdoek voor de heft weg en blaas voldoende rook onder het doek en tussen de raten. Het doek houdt de rook vast en die hoeveelheid zal de bijen sneller doen afdalen. Als de meeste bijen uit de romp verdwenen zijn, neem je ze weg van de kast en leg je het afdekdoek op de romp eronder. Rook de resterende bijen weg of borstel ze af en stop de romp in een plastiek zak of plaats hem tussen twee platen. Ga zo door met alle rompen die je wil oogsten.

In plaats van te werken met rook verkiezen sommigen om boven op de romp een verdamper te plaatsen die is gevuld met een product dat bijen afstoot: bittere amandelolie of een commercieel product. De verdamper heeft een kleine opstaande rand en bevat een doekje waarop het afwerend product gesprenkeld wordt. Door de hitte van de zon gaat het product verdampen en zo worden de bijen verdreven. Ik heb dit nog niet uitgeprobeerd. Het is mogelijk dat de geur van het product zich met de honing vermengt, maar dit is bij rook net zo. Omdat bijen noch van rook, noch van geurige stoffen houden, werk je misschien liever met een bijendrijver.

Ik beschrijf twee methodes om met een bijendrijver bijen uit een Warré-kast te verwijderen, de eerste met een bijendrijver op de kast, de tweede met een bijendrijver naast de kast. Plastieken bijendrijvers (6- of 8-wegs; lozenge, Porters, enz.) zijn te verkrijgen in de bijenspeciaalzaak. Een 8-wegs bijendrijver past binnen de binnenafmetingen van de Warré-kast. Hij dient te worden geplaatst in een plank waarbij de bijendrijver past in een gat dat in het midden gezaagd werd en die randen heeft die voldoende hoog zijn aan de boven- en de onderkant (30-50 mm) en bijen die door het labyrint van de bijendrijver zijn gegaan plaats geven.

Maak de rompen die wil oogsten los. Omdat ze vol met honing zitten, is de koningin er haast zeker niet in aanwezig. Als je zeker wil zijn dat ze er niet is, neem dan het afdekdoek weg en blaas wat rook tussen de raten. Het licht dat in de kast valt en de rook zullen haar zeker naar beneden verdrijven. Zet de rompen die je bijenvrij wil maken opzij op een tijdelijk onderstel of voorzie een voldoende grote opening om de

Fig. 9.1 Bijendrijver met 8 uitgangen

bijendrijver te plaatsen als je met een lift werkt. Schuif de bijendrijver op zijn plaats en laat de rompen weer zakken of plaats ze terug. Ik laat de bijendrijver minstens één nacht op de kast, maar soms duurt het langer. Als de koningin toch boven de bijendrijver zit zal het procedé niet werken, want het succes ervan staat of valt met bijen die naar beneden trekken om de koningin te zoeken.

Om een romp bijenvrij te maken los van de kast vertelde Andrew Janiak me over een methode die heel goed werkt. Het voordeel is dat de kolonie maar één keer verstoord wordt. De romp in kwestie wordt op een plank naast de ingang geplaatst en bedekt met een tweede plank waarbij in enkele gaten een conische bijendrijver is voorzien gemaakt uit fijnmazig gaas (uit metaal of kunststof) met bovenaan een opening waardoor de bijen kunnen ontsnappen.

Laat de opstelling twee à vier uur staan. Ontsnappende bijen ruiken hun 'thuis'. Alle achtergebleven bijen zijn huisbijen of darren en die zijn blij om de honingzolder te verlaten. Ze kunnen worden aangemoedigd om dat te doen met een beetje rook of een paar vegen van de borstel.

Fig. 9.2 Links: een externe bijendrijver. Rechts: een detail van de uitlaten

10. Geoogste honing winnen

Omdat dit boek in oorsprong bedoeld is voor beginners, hou ik het in dit hoofdstuk bij de meest eenvoudige manier om geoogste honing te winnen met gereedschap dat in elke keuken is te vinden. Veel van de raten waaruit je honing wint hebben nooit broed bevat. Sommigen beweren dat dit soort honing van mindere kwaliteit is dan de honing die gewonnen wordt uit honingzolders boven een koninginnenrooster in raamkasten. Dat die bewering fout is, wordt duidelijk uit de volgende beschouwingen.

Na de geboorte van een bij maken de bijen de cel waaruit ze is geboren heel nauwgezet schoon. De raten in een Warré-kast worden voortdurend vernieuwd. Meestal is de raat maar gedurende één of twee seizoenen in gebruik voor broed alvorens ze gaat dienen als honingopslagplaats. Als de raten met honing geoogst worden, komen ze nooit terug in de kast. Raten in raam-kasten worden tot in het oneindige hergebruikt, sommige tientallen jaren lang. Ze bevatten veel pesticiden en neerslag van andere artificiële bestrijdingsmiddelen en de impact op de honing die eruit gewonnen wordt, is onbekend. Raat in ramen waar eerder broed zat, komt soms wekenlang in contact met de honing. In elk geval lang genoeg om er voor te zorgen dat de honing sporen opneemt van substanties die in de raat zitten voor de honing door de bijen in de honingzolders opgeslagen wordt. Die vaststelling is ook van toepassing op honing in raam-kasten die, als ze door de werkbijen in de kast aangenomen wordt van de haalbijen, eerst tijdelijk opgeslagen wordt onder het nest voor ze haar definitieve plaats krijgt in de honingzolder,.

In Japan kennen ze verticale kasten met toplatten met een bedrijfsmethode en manier om honing te oogsten die in hoge mate overeenkomt met een Warré. Dat soort kast is al 500 jaar in gebruik en de honing die eruit voortkomt, wordt geprezen omwille van zijn smaak. Tot voor 200 jaar oogstten en verwerkten we in Europa op dezelfde manier honing. Honingjagers oogstten honing uit broedraten in wilde kolonies en zo deden ook imkers dat met kolonies in korven, boomstammen, enz. Dat was millennia lang zo. Er wordt beweerd dat de specifieke smaak en aroma volgt uit het feit dat er in de cellen broed stak. Tegen de beschuldiging dat de honing uitwerpselen van larven kan bevatten valt te argumenteren dat veel voedsel, bijvoorbeeld wijting, gegeten wordt met de volledige ingewanden. In de celwanden van de raten waarin de honing zit kunnen antibiotische en andere microbiotische bestanddelen aanwezig zijn die de kwaliteit van de honing verhogen. Ik denk aan propolis. Meestal is 'echt' eten helemaal niet zo steriel wanneer we het consumeren. Ik hoorde het verhaal van een invoerder van tropische honing uit Oost-Afrika, gewonnen in kasten met toplatten, die de klassieke honing uit onze streek, met zijn 'pure' smaak niet als echte honing beschouwden.

Honingfijnproevers beweren dat de beste honing diegene is waar het minst aan gewerkt is. Dit zou dan honing zijn op raat die vaak verkocht wordt als raathoning of sectiehoning. Het is een primeurproduct in vergelijking met honing in een honingpot. De honing die hierna het hoogst in aanschijn staat, is deze die uit de raat geperst wordt, op de voet gevolgd door honing die gewonnen wordt door middel van pletten en uitlekken. Honing gewonnen door extractie in een slinger – een procedé dat ik hier niet behandel – komt gedurende een lange tijd in contact met de lucht waarbij het zijn subtiele aroma verliest. Maar uiteindelijk is dat allemaal een kwestie van smaak.

Ik had het eerder al over twee 'problematische' soorten honing: koolzaad en klimop; maar er is nog een andere soort in deze categorie, namelijk thixotropische (stroperige) honing. Heidehoning is via slingeren onmogelijk te oogsten uit ramen zonder speciaal gereedschap, terwijl ze heel gemakkelijk te oogsten is door ze te persen. De stroperigheid van de honing heeft de neiging heel vlug op te stijven en laat zich niet oogsten via uitlekken, hoe fijn de raten ook versneden worden. Een beproefde methode is de raten in een kaasdoek te doen en die uit te persen met de handen. Bij die werkwijze moet men vandaag de dag, om hygiënische redenen, speciale kledij dragen en handschoenen. Als alternatief voor de kaasdoek kan een zak gemaakt worden die men dan perst tussen twee planken die met elkaar verbonden zijn en van handvatten voorzien.

10.1 Snijden en uitlekken

Keer de romp die je gaat oogsten om op een schaal en snij de raten los van de zijkanten met een gekarteld mes, bijvoorbeeld een broodmes. Zet de romp terug met de latten langs boven, haal de raten er één voor één uit en leg ze op een schaal. Snij de raat ongeveer 5 mm onder de toplat af en leg die op haar beurt boven een schaal om de honing ervan te laten afdruipen. Wat nog aan de toplat hangt is de volgende starter waaraan de bijen nieuwe raat gaan bouwen. Controleer de raat op stukken die wit ogen of bijna helemaal wit zijn. Dat zijn de stukken die nooit broed bevat hebben en die zijn geschikt om als raathoning geconsumeerd te worden. Hak die in grote stukken en verpak ze. De bijenspeciaalzaak verkoopt hiervoor speciale, plastieken doosjes. Eén van mijn klanten vraagt heel expliciet naar broedraat nadat hij ooit wilde honing uit Afrika geproefd heeft.

De stukken raat die geen honing bevat zal je misschien willen houden om ze in lokkasten te plaatsen nadat je je ervan vergewist hebt dat ze ziektevrij zijn (§ 15.7). Als je sporen van wasmoteitjes ziet is het aangewezen om ze eerst 48 uur in een diepvriezer te leggen en vervolgens in verzegelde plastiek zakjes te bewaren.

Controleer vervolgens of er delen zijn waar de honing (nog) niet verzegeld is. Het is mogelijk dat die honing nog niet voldoende gerijpt is, d.w.z. dat het percentage vocht in de honing nog niet onder de 20% geraakt is. Die honing zal fermenteren, zelfs in de koelkast. Is dit minder dan 10% van de honing, sla er dan geen acht op en verwerk het met de rest. Gaat het over een groter aandeel, dan moet je ze eerst

Fig. 10.1 Honingraat ui een Warrékast

testen. Hou de raat met beide handen vast en probeer de niet-verzegelde honing op een schaal uit te storten. Blijft ze in de raat zitten, dan kan je de honing gaan winnen. Doet ze dat niet, dan kan je die honing teruggeven aan de bijen.

Fig. 10.2 Versneden honingraat in een verget boven een recipient

Voor het beste resultaat bij uitgelekte honing, snij je de raat in repen waarbij je met een scherp mes doorheen het midden van achterliggende rijen cellen snijdt. Doe dat met alle raten. Nu en dan zal je op stuifmeel en bijenbrood stoten. Het verschil is makkelijk te zien door de afwijkende kleur en dikte van de raat. Het heeft geen zin dat bij de rest te versnijden. Snij er dus snij omheen en verwijder die stukken. Je kan ze invriezen en later gebruiken als extra voeding voor je bijen.

Laat de raat nu minstens 24 uur op een warme plaats uitlekken. Sommigen zetten alles in hun auto die in zon geparkeerd staat. Wees er zeker van dat de temperatuur niet boven de 40° C uitstijgt en dat er geen bijen bij kunnen of ze komen er van mijlenver op af. Giet de honing in potten (§ 10.3) en bewaar ze op een koele, donkere plaats.

Een flexibele keukenspatel is heel handig om de honing tot de laatste druppel in je potten te krijgen.

10.2 Pletten en persen

Er is een methode die sneller werkt en beter toepasbaar is op grotere hoeveelheden, maar die honing oplevert die iets wolkiger is omdat er stukjes was en stuifmeel in terecht komt. Verhak de raat in grote stukken die je in een groot recipiënt doet. Daarin plet je de stukken met een gepast stuk gereedschap: een aardappelstamper of een stuk hout. Het prakje doe je in een fijne keukenzeef of een speciaal instrument voor het pletten van etenswaar. Sommigen gebruiken een plastieken zeef. Heel geschikt en goedkoop materiaal zijn twee plastieken emmers met een deksel en zo'n zeef. In het deksel van één van de emmers snij ik een groot rond gat waarin de onderkant van de tweede past. In die laatste maak ik verschillende gaten en ik plaats er een gaas in als filter waarbij ik randen van de filter over de randen van de emmer heb geplooid. Het prakje gaat in de bovenste emmer die wordt afgesloten met het deksel. Het geheel gaat op een warme plaats waartoe bijen geen toegang hebben. Je laat het er zo lang staan als je wilt of nodig acht. Dit levert een troebele honing op maar sommige verkiezen net om meer stuifmeel in hun honing te hebben. Ik heb klanten die heel specifiek dat soort honing kopen om zeker te zijn dat ze het plaatselijke palet aan beschikbaar stuifmeel binnen krijgen omdat ze geloven dat dit helpt in de strijd tegen bijvoorbeeld hooikoorts.

Wil je dit soort honing verkopen dan moet je voldoen aan de plaatselijke regels voor voedselhygiëne en –etikettering. Hierbij kan je plaatselijke imkervereniging je helpen. De verkoop zou geen probleem mogen vormen. Verkoop de honing bij je thuis of via de buurtwinkel. De winkels in mijn buurt zijn altijd op zoek naar honing uit eigen streek.

10.3 Grote potten

Als je grotere hoeveelheden honing moet inpotten, zeg maar 10 kg of meer, dan kan het verpakken een kleverige bedoening zijn als je ze in de potten wil krijgen met een lepel of als je ze rechtstreeks in de potten wil gieten. Het gaat een stuk makkelijker om de honing via een rijper (een grote tank) in te potten. Je kan voor weinig geld makkelijk zelf zo'n rijper maken met een plastieken emmer voor etenswaren van minimum 10 liter en een plastieken honingkraantje met een debiet van 40 mm dat je koopt in een bijenspeciaalzaak. Dicht tegen de onderkant van de emmer snij je met een scherp keukenmes een gat waarin het kraantje perfect past. Zorg dat het kraantje goed vast zit en kit het rondom rond af. Test de afsluiting eerst met water. Voor je honing in de emmer gaat doen, moet die eerst goed droog zijn.

De honing die je wil inpotten gaat in de rijper en blijft er minstens 24 uur rusten. Zo komen luchtbellen, wasdeeltjes en propolis naar de oppervlakte. Als je daarna de rijper op een onderstel op de tafel plaatst kan je de potten vullen terwijl je neerzit. Dat is veel comfortabeler. Het deksel ligt tijdens het inpotten los op de rijper.

10.4 Wat doe je met de achtergebleven raat?

Ongeacht hoe lang je de raten laat uitlekken, er blijft altijd honing achter. Je kan de raat daarom terug geven aan de bijen (§ 11.2.2) of de laatste resten oogsten door de raten te verwerken in een fruitpers of een honingpers die je gekocht hebt in de bijenspeciaalzaak nadat je alles in een stoffen zak – ik gebruik katoen – gedaan hebt. In het VK noemt men dit soort pers een heidepers en ze is duur maar zeer efficiënt. Ze produceert een heldere honing en reduceert de raten tot een dichte massa die klaar is om verder verwerkt te worden en de kostbare was te extraheren. Maar toestellen gemaakt voor het persen van worst worden evenzeer gebruikt om wasraat uit te persen en er wordt druk gezet door middel van een krik-systeem[36].

Er zijn verschillende manieren om was uit raten te winnen. Ik beschrijf er twee: de methode met behulp van heet water en die met de zonnesmelter. Voor de methode met heet water plaats je de was in een katoenen zak die goed afgesloten is. Leg hem in een oude pan die je met water gevuld hebt en gebruik iets dat de zak onder het wateroppervlak houdt: een stuk kippendraad of een steen. Breng het water op een laag vuurtje aan de kook. Laat het sudderen en houd het gedurende een uur dicht bij het kookpunt. Laat nu alles afkoelen. De was komt boven drijven als het water afkoelt. De opbrengst van deze methode is aan de lage kant en afhankelijk van waarvoor je de was gaat gebruiken – kaarsen bijvoorbeeld – zal je ze eventueel nog moeten zuiveren. Een manier hiervoor is de was een tweede keer smelten. Doe de was in een pot en verwarm die *au bain-marie* en laat het geheel traag afkoelen. De onzuiverheden zitten wederom aan het wateroppervlak en kunnen met een mes makkelijk van de blok was geschraapt worden. Als je de was wil gebruiken voor het maken van een startstrip op toplatten is deze operatie overbodig.

Ik verwerk mijn was in een zelfgemaakte zonnesmelter. Omdat de was nog altijd honing bevat, verbrokkel ik de wasraten in lauw water om die honing op te lossen. Vervolgens haal ik alles door een vergiet en laat ik de was enkele dagen drogen op een doek dat over een plastiek emmer hangt. Dan gaat de was enkele dagen in de zonnesmelter tot de laatste stukken was gesmolten zijn. Mijn zonnesmelter heeft onderaan een doek waardoor de was die er door komt klaar is om te gebruiken voor het maken van kaarsen of andere producten. Zonnesmelters zijn beschikbaar in de bijenspeciaalzaak maar omdat ze vrij duur zijn worden ze meestal zelf gemaakt uit oude stukken vensterglas[37].

---

36 http://warre.biobees.com/pressing.htm

37 http://www.dheaf.plus.com/warrebeekeeping/solar_extractor.html

11. Voederen

Hoe je met voederen omgaat, gaat gepaard met hoe je tegen het houden van bijen aankijkt. Omdat je flink wat geïnvesteerd hebt in je bijen is het weinig waarschijnlijk dat je ze zal laten verhongeren voor een beetje honing of suiker. Misschien voel je je verplicht om goed voor je bijen te zorgen eens je ze in een kast hebt. Overdadig voederen kan een natuurlijke selectie uitschakelen en de weerstand van de bijen in het algemeen verminderen. Zo kan men bijvoorbeeld van mening zijn dat kolonies, die niet zouden overleven omdat ze te weinig voorraden hebben of er niet zuinig genoeg mee omsprongen, of omdat ze ziek zijn, over een natuurlijke selectiegrens geholpen worden doordat men ze voederde. Je kan daarom beslissen wreed te zijn voor een individuele kolonie in het belang van de totale bijenpopulatie. Maar als al je kolonies zwak zijn door een heel armzalige dracht, dan zal je allicht toch bijvoederen om ze door de winter te helpen. Een lage dracht is niet de schuld van de bijen en het komt erop aan om een evenwicht te vinden waar jij je goed bij voelt. Als je de wintervoorraden wil vergroten begin je er al best mee in de vroege herfst.

Laat ons eerst kijken naar de verschillende soorten voederbakken om daarna te bekijken hoe, wanneer en met welke voedingsbron we ze gebruiken. Alles kan ook gewoon met geleipotten met een schroefdeksel of met plastieken bakjes. Het hoeft allemaal niet veel te kosten. Maar als je meerdere kolonies hebt verkies je misschien het gemak van een speciaal daartoe ontworpen voederbak.

11.1 Voederbakken

11.1.1 Voederbakken die bovenop een kolonie geplaatst worden

Dit soort voederbakken is bijzonder handig op tijdstippen waar het belangrijk is de tros niet te verbreken of als de bijen de tros niet kunnen verlaten omdat het te koud is. Warré suggereert om in het afdekdoek een opening te maken die mits een flapje uit gaasdoek toch ook weer kan dichtgemaakt worden. De bijen likken de voedersiroop uit de glazen pot. Het voordeel is dat de voedselvoorraad kan worden aangevuld zonder de kast te openen. Een nadeel is het voedsel slechts met een klein debiet door de bijen kan worden opgenomen.

Ik leg bij het voederen een ander afdekdoek met een opening van 75 mm in het midden. Je kan ook een reep uitsnijden tussen twee toplatten. Over de opening komt een recipiënt met een dozijn kleine gaatjes van 1 mm in het midden

Fig. 11.1 Verschillende voedingsrecipiënten voor boven de kast, bemerk de perforaties

van het deksel. Het principe is hetzelfde. Het recipiënt komt in een leeg kussen te staan en is omringd met isolerend materiaal. De rand van het dak bevindt zich nu boven de onderkant van het kussen en zo kan er geen regenwater insijpelen. Als je een hogere bak gebruikt om te voederen en je zet er een kussen op, dan is het afdekdoek wel blootgesteld aan regenwater dat kan insijpelen. Als het voedsel in de bak opgenomen is en die vervolgens weer weggenomen wordt is dat meestal geen probleem. Maar je kan er ook voor kiezen de naad tussen de voederbak en de kast af te kitten.

Voor het voederen in de herfst mag je een voederbak gebruiken met een inhoud van 4 liter die je in een lege romp zet zonder toplatten. Omdat er siroop kan gemorst worden bij het omgekeerd installeren van het voedselrecipiënt, is het aangewezen een afsluitbare bak te gebruiken zodat roverij niet in de hand gewerkt wordt. Hoe groter je recipiënt, hoe belangrijker het is dat je kast waterpas staat. Je wil ten allen prijs voorkomen dat de voedselsiroop aan één kant van de bak overloopt en een gemakkelijk doelwit wordt voor rovers.

11.1.2 Andere soorten voederbakken die bovenop een kolonie geplaatst worden

Veel soorten voederbakken voor bovenop de kast kunnen in de bijenspeciaalzaak gekocht worden. Meestal zijn het ronde, plastieken bakjes met in het midden een opening waardoor de bijen naar boven kruipen om te drinken zonder dat ze het risico lopen te verdrinken in de voedervloeistof. Je kan heel goed zien hoeveel van de vloeistof is opgenomen door even het deksel op te lichten. Dat kan zonder de bijen te verstoren. Zo'n voederbak past in een Warré-romp of -kussen en plaats je op het afdekdoek nadat je er een gat in gemaakt hebt.

Voor het voederen in de herfst raadt Warré een grote voederbak aan die even groot is als een romp. Het betreft een voederbak van 10 liter. Een sterk volk haalt hem leeg in ongeveer twee dagen. Het afdekdoek wordt omgeplooid om de bijeningang vrij te laten. Bijvullen kan zonder dat de bijen verstoord worden. Het grote voordeel van het ontwerp van Warré is dat de onderkant lichtjes afhelt in de richting van de

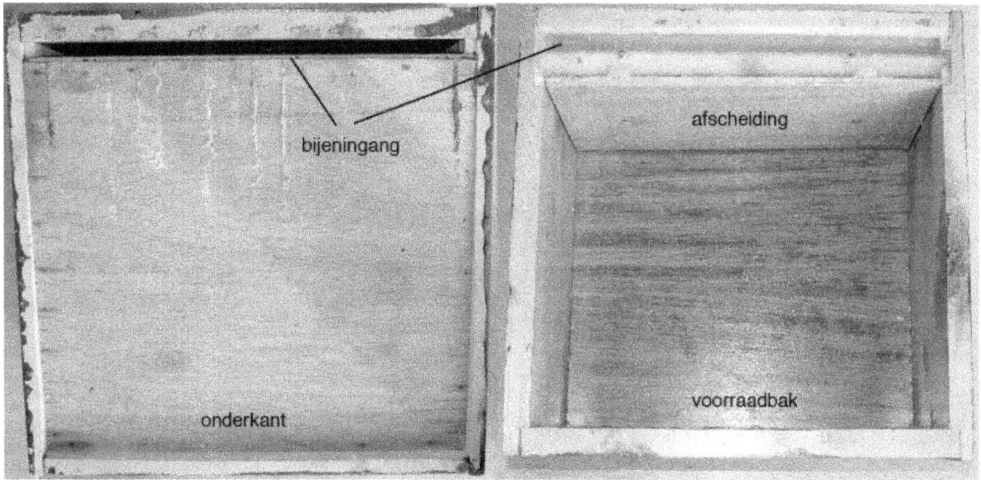

Fig. 11.2 Onderkant en bovenkant van de herfst voederbak die op de Warré-kast past

bijeningang. Bij het schrijven van dit boek was een Warré-voederbak in de handel te krijgen bij Ickowcz in Frankrijk. Hij is echter heel makkelijk zelf te maken door iedereen die een beetje handig is. Het moeilijkste is de voedertank goed af te kitten. Sommigen gebruiken daar bijenwas voor, anderen vernis of verf. Die laatste twee producten hebben echter het nadeel dat ze stoffen kunnen vrijgeven die in de siroop kan komen; met eventuele nadelige gevolgen voor de bijen.

Er is niets tegen de oude manier om het extra voedsel aan te bieden in een diep bord dat in een hoogsel bovenop de kast gezet wordt. Plooi ook hier het afdekdoek een beetje om zodat de bijen in de voederruimte kunnen. Om te voorkomen dat de bijen verdrinken leg je stro, schors of stukken kurk in de siroop. Sprenkel wat siroop in de kast om het duidelijk te maken voor de bijen dat het etenstijd is. Dit is geen voedermethode waarbij er contact is met de tros. De bijen moeten die verlaten om het voedsel op te nemen en bij koud weer gaan ze dat niet doen.

11.1.3 Voederbakken voor op de bodem

Warré raadt zijn ingenieus ontwerp voor de lente- of zomervoederbak aan. Het is een volume met dezelfde afmetingen als de kast met een schuif aan de achterkant waarlangs de voedselvoorraad kan bijgevuld worden mits minimale verstoring van de bijen. Zo'n voederbak is nergens op de markt maar wel makkelijk zelf te maken. Ik heb er geen omdat ik de andere manieren om bij te voederen voldoende vind, te meer omdat ik een lift gebruik. Je kan evengoed een bodem gebruiken die voorzien is van een achteringang (fig. 2.25).

Een voederbak op de bodem van de kast kan om het even welk recipiënt zijn met een inhoud van 10 liter. Leg ook nu weer stro, schors of kurk in de bak. Eén van de risico's die ik zie bij het voederen langs onder is dat afval – verzegeling, dode bijen, enz. – van de bijen er in kan vallen. Mogelijks kan dat de hygiëne van het volk ondermijnen. Maar je kan ook een voederbak ontwerpen waarbij de inhoud afgeschermd is door een deksel.

Fig. 11.3 Voederbakken op
de bodem. Bemerk ook de
spiegel waarmee een zicht
op de binnenkant mogelijk is.

11.1.4 Nog andere voederbakken

Een voederbak die aan de ingang geplaatst wordt heeft het grote voordeel dat hij makkelijk te installeren is. Maar omdat de bak buiten de kast staat is ze ook een makkelijk doelwit voor rovers, zeker als je honingsiroop voedert. Omdat een Warré-kast een oplopende ingang heeft is het misschien onmogelijk dit soort voederbak te gebruiken zonder wijzigingen aan de bodem.

Sommige mensen gebruiken afsluitbare plastiekzakken die bovenin de kast gelegd worden. Maar vanuit een ecologisch standpunt zie ik niet in waarom ze zijn te verkiezen boven afsluitbare, stevige plastiek voederbakken. De zakken worden immers maar één keer gebruikt. Ze zijn evenmin geschikt om de tros rechtstreeks te voederen want de bijen moeten de tros verlaten en bovenop de zak kruipen om de voederopeningen te bereiken.

11.2 Welk voedsel?

Ondertussen weten we hoe we de bijen tot meewerken kunnen aanzetten door het gebruik van een veer of een borstel of met een beetje rook. Dat kan nodig zijn bij het voederen van bijenvolken.

11.2.1 Siroop

Een natuurimker zal in de eerste plaats kiezen voor honing. Daarover bestaat geen twijfel. Om het risico op fermenteren bij het aanbieden van siroop te voorkomen, geef je die best in doses die in een dag kunnen opgenomen worden. Er worden twee hoeveelheden honing gemengd met één hoeveelheid water.

Beginnende imkers hebben geen eigen honing en eventuele aangekochte honing kan ziektekiemen bevatten als ze niet afkomstig is van een bijenstand waarvan je weet dat er streng wordt gecontroleerd op vuilbroed en andere ziektes. De tweede beste keuze is daarom een siroop van *pure* biologische bieten- of rietsuiker bestaande uit twee delen suiker en één deel water. Onzuivere (bruine) suiker is een aanslag op het verteringsstelsel van de bijen, vooral dan in de winter als reinigingsvluchten niet kunnen uitgevoerd worden. Het grote nadeel van suiker is dat die niet de microvoedingsstoffen en de microflora bevatten die aanwezig zijn in honing, het natuurlijke voedsel van de bij. Bovendien bestaat het risico dat overtollige suiker in de raten opgeslagen wordt, die later als honingraat geoogst worden. Voedseltesten hebben aangetoond dat suikersiroop net als honing her en der in de kast opgeslagen wordt en dus kan vermengd raken met honing.

Vloeibaar voedsel kan gegeven worden aan net ingevoerde zwermen als de weersomstandigheden niet zo denderend zijn of als extra voedsel in de herfst ter voorbereiding op de winter. Natuurimkers geven in de lente geen siroop om de bijen te prikkelen en ze aan te zetten tot een vroegere en snellere ontwikkeling van het broednest. Maar als de voedselvoorraden op dat moment aan de lage kant blijken, kan er toch bijgevoederd worden. Als ik om die reden moet bijvoederen gebruik ik fondant of deeg (§ 11.2.3). Demeter/biodynamische imkers geven een suikersiroop op basis van kamillethee waaraan een tiende van het gewicht honing en een snuif zout toegevoegd wordt. Ik heb dat zelf nog niet geprobeerd maar zie er geen fundamentele bezwaren tegen. Bijen drinken heel veel soorten natuurlijke 'thee' zoals plantengier, vocht van de mesthoop, zoutwater op de grond, dus waarom geen kruidenthee? In elk geval lijken bijen die kruidensiroop graag op te nemen.

11.2.2 Honingraten

De honing die in de raten blijft kleven kan aan de bijen teruggegeven worden. Je moet de raten wel ontzegelen of de zegels afkrabben en de raat in een voederbak doen waar de bijen in kunnen. Vermijd situaties waarbij de bijen in sijpelende honing kunnen verdrinken. Bouw eventueel een rustplaats met stro en twijgjes. De raten die overblijven na het oogsten van de honing kunnen op die manier door de bijen schoongelikt worden.

11.2.3 Deeg

Als je door één of andere reden de wintervoorraden overschat hebt en de bijen aan het begin van het seizoen de hongerdood nabij lijken dan is bijvoederen met fondant of bijendeeg de oplossing. Fondant die men koopt in de bijenspeciaalzaak of bij de bakker, wordt de bijen aangeboden op een geschikte drager boven een opening in het afdekdoek. Ik leg hieronder uit hoe je bijendeeg maakt. Het heeft het voordeel dat het een heel geconcentreerde bron van calorieën is die de bijen nodig hebben voor een optimale warmtehuishouding en die onmiddellijk boven de tros kan gelegd worden waardoor de bijen de tros niet moeten verlaten om zich te voeden.

Bijendeeg maak je als volgt: aan een kilo suiker voeg je 120 ml water toe. Laat alles een nacht staan. Doe de volgende dag alles in een plastiek zak en sluit hem af met een elastiek. Vervang het afdekdoek door één waarin een opening zit van 75 mm en maak een langwerpige snee in de zak die je over het gat plaatst. De bijen zullen de dampende suiker uitlikken en soms zelfs niet meer dan een lege zak achterlaten. Rond de zak met deeg drapeer je isolerend materiaal die je voor het gemak in een stoffen zak hebt gedaan.

Een iets moeilijkere manier om bijendeeg te maken is de hoeveelheid suiker volledig oplossen in een zo klein mogelijke hoeveelheid water die je laat koken op 117°C en daarna roerend laat afkoelen. Als er zich kristallen beginnen te vormen wordt de pap in een vorm gegoten om op te stijven. Opnieuw gaat de bijendeeg over een gat in het afdekdoek. Eromheen plaats je een kussen dat je opvult met isolerend materiaal in een stoffen zak.

Wil je in een keer een grote hoeveelheid bijendeeg geven van bijvoorbeeld 4 kg dan giet je de kristalliserende siroop direct in een hoogsel waaronder je een plastiek zeil gespannen hebt met daaronder een stuk bakpapier. Je kan het hoogsel plaatsen zonder nestwarmte verloren te laten gaan of zonder de bijen te verstoren door het afdekdoek ongeveer 50 mm om te plooien en deze opening af te dekken met een dun plaatje uit hout, plastiek of metaal. Zet het hoogsel nu op de kast en trek het bakpapier er onderuit. Trek vervolgens ook het dunne plaatje dat de opening afdekt weg. Plaats het kussen en het dak terug. Omdat het afdekdoek niet meer beschermd is en mogelijk regenwater kan opnemen is het aan te raden de naad met plakband af te schermen.

11.2.4 Droge suiker

Ik heb het nog nooit nodig gevonden om droge suiker te voederen. Gewoonlijk geeft men dat als voedsel in de late winter of de vroege lente in een voederbak of een ander recipiënt dat in een hoogsel bovenop de kastgeplaatst wordt. De bijen kunnen door een opening naar de bovenkant van de bak klimmen en de suiker opnemen. In tegenstelling tot bijendeeg vraagt droge suiker geen andere voorbereiding dan het plaatsen van het hoogsel of het recipiënt, maar het nadeel is dat de bijen de wintertros moeten verlaten. De suiker lichtjes met water besproeien helpt om de bijen naar de suiker te lokken.

11.2.5 Stuifmeel

Ik heb mijn bijen nog nooit stuifmeel moeten voederen omdat dit het jaar rond beschikbaar is in mijn omgeving. Nochtans is het gebrek aan stuifmeel soms een probleem. Stuifmeel is verkrijgbaar in de bijenspeciaalzaak of bij andere imkers. Hoed je voor nepstuifmeel. Maak dunne stuifmeelpannenkoeken door ze te mengen met honing. Leg de pannenkoekjes tussen bakpapier of ingevet papier bovenop een gat in het afdekdoek. In het onderste papier heb je een aantal sneetjes gemaakt zodat de bijen bij de pannenkoeken kunnen. Je hoeft geen hoogsel rondom de pannenkoeken te plaatsen maar als de inhoud van het kussen vrij zwaar is, kan je overwegen een deksel over de pannenkoeken te plaatsen om te voorkomen dat het kussen de bijen verplettert. Het doek onderaan het kussen wordt op die manier een beetje naar boven gedrukt en de bijen kunnen bij de voeding.

11.3 Wanneer voederen?

In de lente en de zomer voeder ik alleen maar als ik een volk in een kast heb moeten invoeren als er net een periode van slecht weer aanbreekt en de kast nog niet voldoende voorraden heeft. Op sommige plaatsen kunnen de bijen echter zelfs in de zomer verhongeren, dus als je vaststelt dat uitvliegen over een lange periode belemmerd wordt, is het veilig je kasten op de aanwezigheid van voorraden te controleren of ze te wegen (§ 9.3).

De periode waarin ik het meest bijvoeder is van de tweede helft van september tot het begin van oktober. In elk geval moet je het doen voor het te koud wordt voor de bijen om het voedsel nog te kunnen binnenhalen, opslaan, laten rijpen en verzegelen. Dat kan al in oktober zo zijn maar soms bloeit de klimop nog tot een stuk in november. Sinds ik met bijen in Warré-kasten begon heb ik, na zes slechte zomers, de meeste van de kasten in de herfst moeten bijvoederen om hun voorraden aan te vullen.

Het is aangewezen je bijen 's avonds te voederen. Dan is er het minste kans dat je roverij in de hand werkt. Ik had er tot hier toe geen last van, maar ik stelde wel een verhoogde opwinding vast rond de ingang van kasten die ik net had bijgevoederd. Dat kwam waarschijnlijk omdat bijen van bij de voederbak naar het nest terugkwamen en er een kwispeldans deden om duidelijk te maken dat er een voedselbron in de omgeving was. Andere bijen gaan er dan koortsachtig naar op zoek. Maar al snel kalmeren ze en haasten zich in de voederbak. Uiteraard moet je het vermijden dat je morst en doe je dat toch, dan moet je het gemorste opgekuisen.

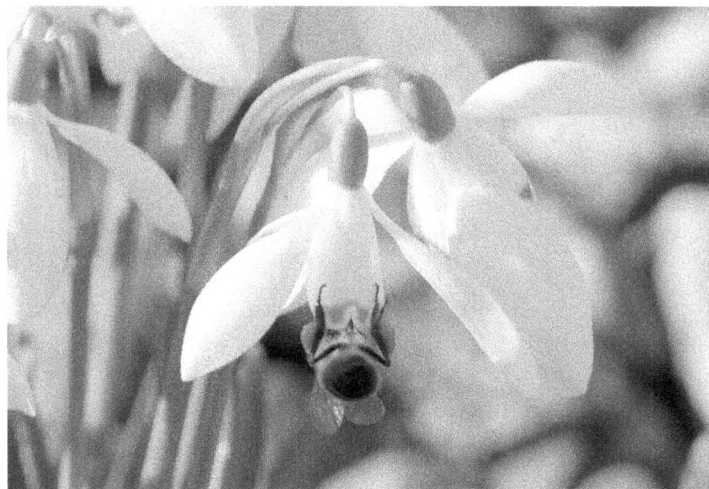

Fig. 11.4 Sneeuwklokje (Galanthus nivalis): een vroege bron van stuifmeel

119

12. Inwinteren

Het begin van het inwinteringsproces wordt op mijn bijenstanden ingeluid door het einde van het bijvoederen, het wegnemen van overtollige rompen en het installeren van de muizenschermen (§ 2.4). Omdat het bekend is dat muizen in oktober een kast durven binnendringen op zoek naar een warm onderkomen voor de winter, voorzie ik mijn kasten van een muizenval aan het begin van die maand.

Fig. 12.1 Een muizenscherm, vastgezet met punaises

Op dit moment van het jaar heb je de kast gewogen of de raten met honing geteld en je laat voldoende of alle voorraad voor je bijen achter. Warré adviseert om de *Kast voor het volk* de winter te laten ingaan met twee rompen die volledig met raat gevuld zijn; de bovenste vol met honing en de onderste met het krimpende broednest. Alle andere rompen worden nu weggenomen. Waar ik woon is het broednest helemaal of haast helemaal uitgelopen rond de maand december maar, afhankelijk van het bijenras en het klimaat, kan er ook nog broed zijn in de winter. Af en toe kan je in december of januari bijen naar de kast zien terugkeren met stuifmeel. Een heel belangrijk aspect van de onderste romp is dat die lege cellen heeft waarop de bijentros kan overwinteren terwijl ze zich geleidelijk een weg naar boven eten over de honingraten.

Ik, en vele anderen met mij, hebben met succes kleine volken overwinterd op slechts één romp. Dat is vaak het geval als je heel laat op het seizoen nog een zwerm invoert. Mijn eerste kolonie van die omvang kwam de winter door op slechts 4 kg honingvoorraad en ontwikkelde zich de volgende lente tot een welvarend volk. De situatie is niet zo heel verschillend van het inwinteren van een klein volk in een kast met ramen, behalve dat het in een mild klimaat zoals het mijne met de dikke wanden van de Warré-kast niet nodig is ze extra te isoleren. Een lege romp onder de bezette romp plaatsen kan het volk beschutting geven tegen tocht die door de ingang komt.

In koude streken zullen twee rompen misschien niet volstaan omdat het wellicht nodig is dat er honingvoorraad is in de hele bovenste romp en in een deel van die eronder, waardoor een derde romp noodzakelijk is voor een succesvolle inwintering.

Wat doe je met het overschot aan rompen, als je de kast reduceert tot twee of drie rompen? Die vraag stelt zich zeker als het je aan opslagruimte ontbreekt. Hoewel ik me in een klimaat bevind dat vergelijkbaar is met dat waar Warré actief was, sla ik zijn raad in de wind en laat ik alle drie de rompen staan ongeacht of ze geheel of gedeeltelijk met raat gevuld zijn. Ik ga er van uit dat de bijen de ruimte onder hun tros niet opwarmen en dat de extra romp hen verder verwijderd houdt van de koude ingang. Als je de kast dan toch inspecteert en verstoort, kan je deze derde romp ineens evengoed in warme opstelling plaatsen om eventuele tocht nog meer te beperken. Denk er wel aan om in de lente alle rompen terug in hun oorspronkelijke opstelling te plaatsen!

Af en toe krijg ik vragen over de noodzaak van extra isolatie. Ik heb ondertussen begrepen dat de kasten inpakken of ze in een overdekte bijenhal plaatsen van levensnoodzakelijk belang is in de koudste delen van Canada. Teer-papier, een heel stevig materiaal gebruikt in de bouw, is heel geschikt. Toch is het belangrijk niet te overdrijven met het isoleren. Niet alleen schermt dat de kast ook af voor de weldadige winterzon, maar er is ook een risico dat er een *overconsumptie* van de voorraden ontstaat. Er is een minimale consumptie van voorraden bij temperaturen rond de 5°C. Is het warmer (of kouder) dan wordt er meer voorraad gebruikt. Bij een teveel aan isolatie worden de voorraden sneller in plaats van trager opgenomen omdat de bijen actiever zijn. Soms gaat een koningin weer aan de leg en verbruikt het vroege broed heel snel de honingvoorraad.

Zoals ik al vermeldde in § 2.2.2 is het veilig om in koude streken, waar lange tijd een dikke laag sneeuw de bodem bedekt, een kleine ingang te voorzien aan de bovenkant van de kast: een afsluitbaar vlieggat in de wand van een romp. Die ingang kan gesloten blijven zolang hij niet echt nodig is. Heb je dat soort alternatieve vliegopening niet, dan is het essentieel dat je de vliegopening onderaan de kast vrij houdt van sneeuw en dode bijen. De ingang van een Warré-kast is veel gevoelig voor blokkades omdat er een vooruitstekende vliegplank is waar sneeuw op blijft liggen en er is een enge ingang gevormd door de hellende bodem waar dode bijen kunnen invallen en ophopen, zeker als een muizenscherm de ingang verkleint. Als je een dakpan op de vliegplank zet die rust tegen de onderste romp voorkom je dat er sneeuw op blijft liggen.

Een kast moet in de winter met rust gelaten worden. Doe je dat niet, dan verstoor je de wintertros en het kan aardig wat inspanningen vergen van de bijen om zich te hergroeperen met verspilling van honingvoorraad tot gevolg en het risico dat ze sterven omdat ze te onderkoeld raken om nog terug bij de tros te komen. Maar als je laat in de winter, op een mooie dag met temperaturen boven de 8°C, wil weten of de omvang van de voorraden voldoende groot is om de bijen tot de eerste nectardracht (b.v. wilg, Salix) te voeden, kan je de bovenste romp wegen of een snelle blik werpen op de kolonie onder het afdekdoek. Voor het bijvoederen in geval van nood op dit tijdstip, suggereer ik fondant of bijendeeg (§ 11.2.3).

Op andere tijdstippen kan je naar de tros luisteren door je oor tegen de kast te leggen of door een stethoscoop langs de ingang naar binnen te schuiven. Hoor je een uitgesproken geritsel of gemurmel dat af en toe onderbroken wordt door een licht gezoem, dan weet je dat alles goed gaat. Vergewis je er bij elk bezoek van dat het muizenscherm nog goed geplaatst is.

Kijk in de winter goed uit of je kasten door de wind niet omgewaaien, of er een boom op je kasten valt (het is mij overkomen!), of er dieren tot bij de kasten komen en zich er tegenaan schurken, of er schade is door spechten, ratten, dassen, bevers, beren, enz.

Het is heel bemoedigend en aangenaam om te zien hoe, laat in de winter, de eerste voorraad stuifmeel (*Galanthus, Crocus, Helleborus* en kort erna *Corylus*) binnenkomt.

13. De voorjaarscontrole en verder

Wat Warré omschrijft als de voorjaarscontrole, het moment dat je de kast voorbereid voor de opbouw in de lente, is om het even welk moment waarop je de kasten in die periode van het jaar voor het eerst bezoekt en inspecteert. Ik haal de muizenschermen weg eind maart als de bijen al heel actief zijn en makkelijk zelf kunnen omgaan met muizen die de kast willen binnendringen. Dode kolonies heb ik in de loop van de winter al ontdekt door hun stilzwijgen. Volkeren die levend de winter zijn doorgekomen, maar die op het einde van de maand maart nog altijd geen stuifmeel de kast binnenbrengen, hebben misschien een falende koningin. Als dat stramien zich in de komende weken voortzet terwijl andere volken wél flink aan het foerageren zijn, controleer dan op de aanwezigheid van broed en eitjes (§ 7.2). Weet echter wel dat een wintertros, die in de vroege lente niet groter is dan een handpalm maar mét een leggende koningin, toch nog kan uitgroeien tot een welvarende kolonie waaruit in sommige gevallen zelfs flink wat honingoverschot te oogsten valt. Ik heb het zelf meegemaakt.

Een kolonie met een falende koningin of een koningin die niet aan de leg is, kan je eventueel verenigen met een sterkere kolonie (§ 7.8) en zo materiaal vrij maken voor productievere volkeren. Af en toe vertoont een kolonie met een falende koningin extreem defensief gedrag. Verhuis dat volk naar de andere kant van je bijenstand of in elk geval zo ver mogelijk van de oorspronkelijke standplaats. Oude bijen – die het meest steken – keren terug naar de oorspronkelijk standplaats van de kast zodat je ongehinderd aan de kast kunt werken. Het is nu, door het kleine aantal aanwezige bijen, relatief gemakkelijk om de koningin te vinden en ze te verwijderen als ze aanwezig is. Blijkt het volk moerloos, dan is dat waarschijnlijk al een hele tijd het geval en sommige werksters ontwikkelden hun eierstokken en zijn beginnen leggen. Dat wordt heel duidelijk als je vaststelt hoe er meerdere eitjes in één cel zitten, een fenomeen dat meestal is vast te stellen aan de buitenkant van de raten. Misschien is er al darrenbroed van die onvruchtbare leggende werksters te bespeuren. Is dat het geval, dan verhuis je de kast zo'n 50-100 m verderop en borstel je al de bijen van de raat op de grond. Dat is beter dan ze te verenigen met een sterk volk omdat de leggende koningin van het gastvolk in de meeste gevallen gedood wordt door de kolonie met de leggende werksters. Na het borstelen vliegen gewone werksters terug naar de bijenstand waar ze niet veel andere keuze hebben dan 'vriendelijk' de toegang tot een florerende kolonie te vragen. Leggende werksters vliegen niet en keren dus niet terug. Als je geen geschikte plek hebt op een voldoende afstand, kan je overwegen de ingreep op de bijenstand zelf uit te voeren op voorwaarde dat het over een klein volk gaat.

Sluit de leeggemaakte kast goed af en zet ze op een andere plaats dan waar ze oorspronkelijk stond tot je ze wil hergebruiken. De raat kan je smelten of, als ze met zekerheid vrij is van ziekten, gebruiken in lokkasten of in een Warré-kast waar je een nieuw volk inbrengt. In dat laatste geval moet je eerst het darrenbroed dat er eventueel in aanwezig is uitsnijden en verwijderen. Hetzelfde doe je met kasten die in de loop van de winter gestorven zijn, nadat je zo ver mogelijk van je bijenstand de raten ontdaan hebt van een dode wintertros. Bedenk dat de courante bedrijfsmethodes, waarbij raat getransfereerd wordt tussen verschillende volken, het risico op het overbrengen van ziektekiemen in de hand werkt. Handel daarom met de gepaste voorzichtigheid. Bij twijfel kies je voor de veiligste optie: de raten smelten tot nieuwe was. Rompen kunnen aardig doordrongen zijn van feromonen en kolonies kunnen worden ondergebracht in een nieuwe romp ofwel in een romp die heel grondig werd afgebrand aan de binnenkant (§ 15.1). In mijn rompen voorzien van een kijkvenster heb ik nog niet meegemaakt dat het glas barst door de hitte maar het lijkt me beter om de vlam toch niet rechtstreeks op het glas te richten of om het glas te verwijderen voor je gaat afbranden.

Ik waag me er niet aan om een moerloos volk een nieuwe koningin te laten opkweken door middel van een (vreemd) broedraam. Eerst en vooral is dat storend voor het volk waaruit je het raam licht, dat door de operatie bovendien verzwakt wordt. Ten tweede is het veel eenvoudiger om een kast te herbevolken met een zwerm. Een zwerm die in een kast gezet wordt met één of meerdere rompen met broed en enkele raten met honing neemt een vliegende start. Waar ik woon is dat zelfs in het begin van augustus nog mogelijk.

Het uitbreiden van de kast met een romp aan de onderkant (§ 8) doe ik op een warme dag in de eerste helft van april. De gemiddelde temperatuur op de middag bereikt dan 12°C. Hoewel Warré schreef dat je in één keer alle rompen die voor een seizoen nodig zijn kunt toevoegen, geef ik nu slechts één extra romp per kast. Ik heb sowieso nooit rompen genoeg dus ik wil mijn materiaalvoorraad niet vastzetten door rompen te installeren waar ze nog niet strikt noodzakelijk zijn. Niettemin kan je aan welvarende kolonies toch al meteen twee lege rompen geven om zo een volgende interventie binnen een te korte tijd te voorkomen. Zorg er hoe dan ook voor dat er genoeg plaats is tussen de onderkant van de aangebouwde raat en de bodem om tenminste op deze manier zwermlust in te perken.

Omdat de hoofddracht nog lang niet begonnen is en omdat je de bijen nu toch al stoort, kan je ineens ook de voorraden controleren, ook al heb je dat eerder al gedaan. Kijk direct onder het afdekdoek of weeg de bovenste romp. Tijdens de opbouw in de lente neemt de consumptie van nectar en honing enorm toe. Er wordt gezegd dat er ten allen tijde 2.5 kg honing in een kast moet zitten. In een Warré-kast kan 1 à 2 kg volstaan.

Fig. 13.1 Een gecamoufleerde lokkast

Controleer of de inhoud van het kussen en het afdekdoek niet te klammig zijn en vervang ze indien nodig. Warré raadt een systematische vervanging aan maar ik doe dat zelden. Ik vul mijn kussens met houtschaafsel en dat blijft jaren aan een stuk fris ruiken. De afdekdoeken zijn doordrenkt met propolis en dat is hét ontsmettingsmiddel van de bijen. Het lijkt me tegen de wijsheid van de bijen in te gaan om een afdekdoek weg te nemen en het te vervangen door een ander. Natuurlijk is het wél aangewezen het afdekdoek en/of het doek onderaan het kussen te vervangen als een voederbak of een hoogsel met een voederrecipiënt op de bovenste romp geplaatst werd en het daardoor heel vochtig is geworden.

Nu is het ook het moment om de lokkasten die je nodig hebt te installeren (§ 5.3). Verdere opvolging gedurende de rest van het seizoen is in grote mate gelijkaardig aan wat ik beschreef in § 7 behalve dat je in je tweede seizoen, net als in alle volgende, het plezier zal hebben om getuige te zijn van het zwermen.

13.1 Raat vervangen

Als je vindt dat de raat in de bovenste romp aan vervanging toe is, omdat er bijvoorbeeld te weinig honing te oogsten viel in de vorige seizoenen, dan kan je dat nu doen. Als je tenminste vindt dat de ingreep omwille van hygiënische redenen te rechtvaardigen valt. Het is een procedure die ik zelf niet uitvoer omdat ik er voor kies om de natuurlijke ontwikkeling of het falen van een kolonie zijn werk te laten doen. In het laatste geval kan ik de raat verwijderen en die tot was smelten.

Het vervangen van de raat dient te gebeuren in de lente als er voldoende dracht is. Op dat moment kunnen de bijen het best om met de ingreep. Voor de bovenste romp kan worden weggenomen, moet eerst het broed uitgelopen zijn. Hiervoor wordt de koningin dieper de kast ingedreven en plaatst men een koninginnenrooster onder de te verwijderen rompen.

Maak eerst de romp vrij (§ 8.1) en rook de bijen dieper de kast in. Het inbrengen van licht en rook zou de koningin moeten verjagen. Haal de romp weg en plaats het koninginnenrooster. Zet de romp terug en sluit de kast af. Ben je niet zeker of de operatie gelukt is, controleer dan drie dagen later de bovenste romp op de aanwezigheid van eitjes op één van de middelste raten (§ 7.2.2). Bemerk je de koningin op één van raten, dan moet je ze vangen in een knijpkooitje, het rooster weghalen en haar eronder steken. Zie je eitjes dan is de koningin nog in de bovenste romp aanwezig. Neem het rooster weg en herhaal het roken om de koningin naar beneden te verdrijven. Leg het rooster terug en laat de bovenste romp nu minstens 26 dagen staan. Misschien moet je af en toe de bovenste romp wegnemen om darren te laten ontsnappen. Dat doe je best op een zonnige, warme dag. Uiteindelijk zal het broed uitlopen en de lege cellen wel of niet met honing worden gevuld.

Je kan ervoor kiezen de bovenste romp op de kast te laten om hem met honing te laten vullen. Hij werkt dan als een honingzolder. Of je kan ervoor kiezen hem weg te halen en hem elders te hergebruiken. Ben je bezorgd dat de bijen niet zonder de honing kunnen uit de romp die je wegneemt, dan kan je de raten teruggeven in een voederbak onder het broednest. Voor je dat doet moet je eerst de raten ontzegelen. Omdat de honing onderaan in de kast vlugger rovers zal aantrekken, moet je overwegen om de ingang te verkleinen. Een extra veiligheidsmaatregel is de ingreep uitvoeren bij valavond als er sowieso minder activiteit is.

14. Kolonies vermeerderen

Warré beschrijft in zijn boek hoe je je bijenvolkeren kan uitbreiden door natuurlijke of kunstmatige zwermen (afleggers). De meest natuurlijke weg is vanzelfsprekend het vermeerderen van je populatie met natuurlijke zwermen. In Warré's variant van een kunstzwerm adviseert hij te werken met bevruchte koninginnen. Afleggers kunnen dus gemaakt worden voor er op natuurlijke wijze belegde koninginnencellen gemaakt zijn en zo hoef je niet te vertrouwen op de bijen, om in het moerloos deel van de aflegger een jonge koningin op te kweken. Het introduceren van vreemde koninginnen is echter niet zonder risico en dan laat ik de kosten, die gepaard gaan met het wachten tot er vanzelf een nieuwe koningin in het volk geboren wordt en de maand die daardoor verloren gaat, even buiten beschouwing. In wat volgt heb ik het over het uitbreiden van de populatie op je bijenstand mits natuurlijke zwermen en mits afleggers waarin normale, natuurlijke (voorzwerm)koninginnencellen aanwezig zijn.

Je bijenpopulatie uitbreiden door middel van afleggers geeft mogelijkheden voor telen en selecteren. Natuurlijke selectie doet dat ook door het natuurlijk afsterven van kolonies. Voor varroa bij de westerse honingbij Apis mellifera voorkwam, lag de wintersterfte op minder dan een tiende van alle kolonies. Sinds de komst van varroa zijn de jaarlijkse verliezen aanzienlijk gestegen en met hen is er ook een hogere natuurlijke selectie. Alleen de sterkste volken overleven de varroadruk. Tot op zekere hoogte fnuiken imkers die natuurlijke selectie door volkeren bij te voeden die het op zelfstandige basis niet zouden redden – hetzij door ziektes en andere kwalen, hetzij omdat ze over het algemeen heel zwak zijn (omdat ze niet zuinig genoeg met hun voorraden omspringen op momenten van schaarste). Maar ondanks het bijvoederen stellen we toch vast dat er kolonies afsterven, dus is natuurlijke selectie wel degelijk nog altijd aan de gang.

Als je kiest voor de minder natuurlijke manier om je bijenbestand uit te breiden en te werken met afleggers, omdat je bijvoorbeeld aan zwermcontrole wil doen (al dan niet omdat je omgeving je daartoe dwingt), heeft het zeker zin met je sterkste volken te werken. Dat combineert telen met selecteren. Ik selecteer niet op individuele karaktertrekken van een volk, maar wat je wil vermijden – zeker binnen een stedelijke context – is een overdreven defensief gedrag. Maar ook dat heeft zijn prijs. Defensiviteit gaat gepaard met vitaliteit dus dwarsboomt selecteren op zachtaardigheid de natuurlijke selectie.

Het is ook goed de kans op inteelt in gedachten te houden. Hoewel koninginnen gewoonlijk paren in darrencongregaties, waar heel verscheiden genetisch materiaal circuleert, moet je af en toe nieuw bloed invoeren als je je in een regio bevindt waar maar weinig honingbijen voorkomen. Van heel ver hoeft het niet te komen en een occasionele zwerm kan al volstaan.

14.1 Natuurlijke zwermen

De legendarische Broeder Adam (1898-1996) wordt meestal niet geassocieerd met natuurimkeren maar desondanks wil ik hem hier toch citeren. Hij schrijft: "Het lijdt geen twijfel dat zwermdrift de best gevoede en de best ontwikkelde koninginnen garandeert want als een bijenkolonie heeft beslist te gaan zwermen heeft ze het toppunt van haar natuurlijke ontwikkeling en haar grootst mogelijke rijkdom bereikt. Onder die omstandigheden zijn de voorwaarden om, vanuit een fysisch standpunt, de beste koninginnen te kweken ideaal[38].

In mijn boek *The Bee-friendly Beekeeper*[39], bespreek ik enkele wetenschappelijke bewijzen ten voordele van een uitbreiding van kolonies via natuurlijk zwermen. Samengevat gaat het hierover: een zwerm laat het merendeel van eventuele ziektekiemen achter. Hij is onderworpen aan een natuurlijke selectie door de beperkte tijd waartegen en de efficiëntie waarmee een nieuwe nestholte gevonden moet worden. De zwerm arriveert echter met een goede voorraad voedsel en een ongebreidelde wil om een nieuw nest te gaan bouwen. Aan de andere kant moet een imker heel goed letten op alle verschijnselen op de bijenstand en die kan soms te zeer in een verstedelijkt gebied liggen om het zwermen onbeperkt toe te laten. In

Fig. 14.1 Verkenners in de buurt van een lokkast bovenop het dak

---

38 Brother Adam, Beekeeping at Buckfast Abbey, Northern Bee Books, 1986.

39 zie voetnoot 1, p. 9

Fig. 14.2 Een ietwat vreemde zwerm: na zijn vertrek ging ze op de grond hangen, rond een klein paaltje. Ik slaagde erin de zwerm in te voeren door er een kast overheen te zetten waarvan ik de bodem had weggenomen terwijl de rompen op enkele stokken rustten.

het geval dat het over een voorzwerm gaat is de koningin minstens een seizoen oud. Ik breid mijn bijenpopulatie uit of ik vervang verliezen met natuurlijke zwermen. Ik had het over zwermen in § 5.1. Ik raad je aan om ten allen tijde je zwermkit en een reservekast klaar te hebben.

Ik heb het geluk in een landelijke omgeving te wonen en over de tijd te beschikken om tijdens de zwermperiode (van mei tot juli) dagelijks mijn bijenstanden te bezoeken, soms zelfs meerdere keren per dag. Om het verliezen van zwermen te beperken of om te voorkomen dat ik het alarm dat er een zwerm zit aan te komen mis, gebruik ik zwermlokkasten. Als ik een half dozijn verkenners zie rond zo'n lokkast is dat een teken om de bijenstand nauwlettender in de gaten te houden. Misschien hangt er al een zwerm in een naburige boom. Als een lokkast door een half dozijn bijen of, in sommige gevallen, enkele honderden verkenners bezocht wordt, betekent dat meestal dat ze werd uitgekozen door een zwerm in transitie. Om een zwerm in een kast in te voeren of hem te verhuizen, zie § 6.1.

Men beweert soms dat het onverantwoord is om bijen op natuurlijke wijze te laten zwermen, omdat het risico bestaat dat ze een opening in een woning als hun nieuwe nestholte uitkiezen en zo hinder veroorzaken die enkel tegen een hoog bedrag kan weggehaald worden. Dat argument is alleen maar populair geworden door de hoge mate van zwermonderdrukking die geïnspireerd is door het gemak van inspectie en de ermee gepaarde manipulaties in kasten met uitwisselbare ramen. Toch is die onderdrukking een vrij recent fenomeen, als we de vele duizenden jaren dat mensen honingbijen houden in beschouwing nemen. Daarvoor werden zwermen beschouwd en getolereerd als een natuurlijk fenomeen. Maar ook ondanks de kasten met uitwisselbare ramen, vertrekken zwermen uit die kasten. De drie toplocaties waar ik te hulp geroepen wordt om kolonies uit gebouwen te redden, bevinden zich in de buurt van grote bijenstanden van ervaren imkers met kasten met ramen. Amateur natuurimkers zijn, in tegenstelling tot vele imkers die met kasten met ramen werken, niet rotsvast overtuigd dat hun kasten niet zwermen. Niet alleen zijn ze heel opgetogen als ze een zwerm aangeboden krijgen of er zelf één scheppen, ze proberen bovendien om de impact van het zwermen op andere mensen te minimaliseren. Dé manier om dat te doen is: strategisch opgestelde lokkasten, een verhoogde attentie voor allerlei fenomenen op de bijenstand en rond vertellen dat ze kunnen worden aangesproken als er een zwerm te zien is. In al die gevallen ben je meestal in staat om de zwerm te scheppen voor hij zelf een nieuwe nestholte binnentrekt.

Zwermen zijn niet alleen waardevol om je bijenpopulatie uit te breiden of om in de winter geleden verliezen aan te vullen. Ze zijn ook – en dat geldt evenzeer voor hele kleine zwermen – van nut als een soort verzekering in het geval dat er laat op het seizoen een kolonie een falende koningin blijkt te hebben. Een nazwerm kan gemakkelijk in één enkele Warré-romp gehuisvest worden. Heb je geen volwaardig materiaal meer ter beschikking, dan kan je je heil zoeken in een geïmproviseerd of tijdelijk kussen, dak of bodem. Een late nazwerm kan je honing voederen als het aan drachtplanten ontbreekt en vervolgens achter de hand houden. Als aan het eind van het seizoen blijkt dat je de nazwerm niet nodig hebt, kan hij nog dienen voor een naburige imker. Als je de zwermen, die vanaf een bepaald moment vertrekken, wil wegschenken, verwittig dan de imkers in je buurt zodat ze eventueel een kast klaar hebben.

14.2 Afleggers

Als je om de een of andere reden wil voorkomen dat een Warré kolonie gaat zwermen en je kolonie de weldaad van een natuurlijke voortplanting moet ontnemen, dan kan je ervoor kiezen om een aflegger te maken en de twee helften later weer te verenigen, mocht blijken dat de twee helften op lange termijn niet het gewenste resultaat geven. Het beste tijdstip om deze procedure op te starten is aan het begin van of net voor de zwermperiode aanbreekt en de kolonie in kwestie sterk genoeg blijkt om in zwermstemming te geraken. Er kunnen al belegde koninginnencellen in het volk aanwezig zijn. Het vormen van een baard is een aan de buitenkant van de kast waar te nemen teken dat de zwermstemming begonnen is. Moet je raat voor raat op zoek naar de koningin, dan isdat in een *Kast voor het volk* met toplatten op drie of meer rompen als het zoeken naar een naald in een hooiberg. Heb je een variant van de kast met ramen of halve ramen dan is de opdracht iets makkelijker. Dan kan je je toevlucht nemen tot één van de vele methodes voor het maken van een kunstzwerm zoals die beschreven worden in de literatuur met betrekking tot het houden van bijen in kasten met ramen. Eén van de methodes beschrijf ik hieronder (§ 14.3). Ik heb ze een beetje moeten aanpassen aan een kast met toplatten. Kolonies die je opstart als een aflegger zijn niet onfeilbaar, maar degene die je opstart via een natuurlijke zwerm zijn dat evenmin.

Maar, ongeacht of je een kast hebt met ramen of met toplatten, je kan een aflegger maken zonder de koningin te zoeken. Wat je nodig hebt is een volledige lege kast met verse toplatten. Het moedervolk moet sterk zijn en op minstens drie rompen zitten. Naast dat moedervolk plaats je een bodem en één romp met toplatten. Open de moederkolonie, neem het afdekdoek weg en blaas rook tussen de raten. Die rook en het zonlicht zouden al moeten volstaan om de koningin dieper in de kast te doen afdalen. Neem de bovenste romp weg (§ 8.1) en inspecteer ze aan de onderkant. Zie je koninginnencellen dan heb je te maken met een volk dat al op natuurlijke wijze bezig is met het kweken van nieuwe koninginnen. Zorg dat je de bovenkant van het broednest in deze romp ziet. Als er in de romp geen broed aanwezig is, zie dan af van het maken van een aflegger of kijk, als het over een kolonie op vier rompen gaat, of je kan splitsen tussen romp 2 en 3. Zet de romp die je wil afleggen op de lege romp met een nieuwe bodem, met dezelfde oriëntatie tegenover de vliegopening als de romp had in de moederkolonie. Leg daarna een afdekdoek en een kussen op de twee kasten. Verhuis het moedervolk met de koningin over een zo groot mogelijke afstand op je bijenstand of breng ze later op de dag naar andere locatie. Zet de nieuwe kast die wel broed heeft maar geen koningin op de oude locatie. Ze zal de vliegbijen ontvangen en zo aansterken. Dat moet resulteren in het kweken van een nieuwe koningin. Ongeveer vier weken later moet die aan de leg zijn. Als je de nieuwe kast op de plaats van het moedervolk geplaatst hebt en je hebt geen plaats om het moedervolk elders te zetten, maak dan een soort scherm (met takken, windschotten, enz.) tussen de twee kasten om op een overduidelijke manier de aanvliegroutes te scheiden en zo het vervliegen tussen de twee kolonies te beperken.

14.3 Kunstzwermen

Soms is het maken van een kunstzwerm essentieel in de bestrijding van ziektes – in de meeste gevallen gaat het om Europees vuilbroed –die opgelegd wordt door sommige landen of Staten. Het is daarom ongepast het in dit boek niet te behandelen, ook al willen mijn lezers de methode helemaal niet gaan toepassen om hun bijenpopulaties te vergroten. Als het om beheersing van ziektes gaat, past men meestal de methode toe waarbij de bijen van de raat geschud worden. Vervolgens worden de raten vernietigd. Evenwel is het met een Warré-kast niet mogelijk de bijen af te schudden omdat de raat haast met zekerheid van de toplatten afscheurt. De enige mogelijkheid om hetzelfde effect te bereiken is het afborstelen of het afroken van de bijen. Ter volledigheid bestaat er ook nog de mogelijkheid om de bijen af te drijven (§ 6.3.2.1) maar die methode lijkt helemaal uit de mode te zijn.

De bedoeling is om het merendeel, inclusief de koningin, van een kolonie in drie rompen in een nieuwe kast over te brengen en de zorgbijen de moederkolonie te laten herbevolken en hem door een koninginnenrooster het broednest weer te laten bezetten. Zo'n transfer kan worden uitgevoerd zonder de koningin te zoeken, door middel van borstelen of roken of zelfs door een combinatie van beide middelen. Voor het afroken heb je een lege romp mét toplatten en een koninginnenrooster nodig. Voor het afborstelen heb je eveneens een lege romp zonder toplatten, een nieuwe bodem en een iets om de kast af te dekken nodig. Voor dat laatste komt een eenvoudig afdekdoek in aanmerking.

Je moet dit procédé niet gebruiken om je populaties uit te breiden, omdat er een periode is waarbij het broed (haast) helemaal vrij is van zorgbijen en daarom het risico loopt ernstig af te koelen. Kies een warme dag uit om de methode toe te passen. Het zal je ook helpen als de haalbijen van de kast weg zijn.

14.3.1 De methode met gebruik van rook

Plaats onder de kast een vierde romp zonder toplatten en maak tegelijk de bodem schoon of vervang hem. Je weet ondertussen hoe je rompen wegneemt uit een kast met bijen (§ 8.1). Verwijder het dak, het kussen en het afdekdoek van de moederkolonie. Berook de bijen zodat ze afdalen in de tweede romp. Haal de bovenste romp weg, zet hem op een onderstel en dek hem tijdelijk af. Doe daarna het zelfde met de tweede en de derde romp. Als de bijen en de koningin goed op de rook gereageerd hebben, bevinden ze zich nu allemaal in de nieuwe (vierde) romp. Zet er een vijfde romp onder met toplatten. Borstel of veeg bijen af die zich eventueel op de bovenranden van de vierde romp bevinden en leg er een koninginnenrooster op. Plaats nu rompen 3, 2 en 1 in die volgorde terug met dezelfde oriëntatie ten opzichte van de vliegopening en ga verder met § 14.3.3.

14.3.2 De methode met gebruik van een borstel

In het geval dat de meeste bijen en de koningin ondanks het inblazen van rook niet allemaal zijn afgedaald, zoals in de meeste gevallen gebeurt, moet je je heil zoeken in de meer arbeidsintensieve methode van het inspecteren van elke individuele raat (§ 7.2.2) waarbij je telkens de bijen van de raat borstelt. Een assistent is dan bijna onontbeerlijk: de ene persoon licht de raten uit de kast terwijl de andere de bijen afborstelt. Een volledige scheiding van de bijen en de raat is hoe dan ook noodzakelijk als de methode van de kunstzwerm toegepast wordt om op ziektes te controleren en niet om de populatie uit te breiden.

Omdat een uitbreiding volgens deze methode het broed een langere tijd onbeschermd laat, is het aan te raden de ingreep enkel te doen bij warm en windstil weer. Omdat die periode van blootstelling hier langer duurt dan bij de methode met gebruik van rook, is het aangeraden ze enkel toe te passen bij kasten op één of twee rompen.

Bereid een lege romp zonder toplatten voor, een bodem en een afdekdoek. Zet de moederkolonie op een onderstel en plaats twee rompen met toplatten op de oorspronkelijke plaats van de kast. Dit is een goed moment om de bodem te reinigen of te vervangen mocht dat nodig zijn. Zet bovenop de twee rompen een derde, lege romp die dienst doet als trechter. Haal de raten uit de bovenste romp van het moedervolk en borstel de bijen in de trechter. Vermijd het om aanwezige koninginnencellen te vernietigen. Plaats de afgeborstelde raten in de lege romp en dek die telkens af. Je plaatst ze in de originele volgorde en in de originele oriëntatie. Je kan daartoe een merkteken (een teken met een viltstift of een beitel) op de bovenkant van de raten aanbrengen voor je ze uit de oorspronkelijke romp worden gelicht. De romp die is leeggemaakt kan nu de raten uit de romp eronder krijgen. Als alle raten zijn afgeborsteld neem je de derde romp op de nieuwe kast weg, je rookt of borstelt bijen die op de rand zitten weg en je plaatst een koninginnenrooster. Daarbovenop gaan de rompen met de afgeborstelde raat, in hun originele volgorde en oriëntatie.

14.3.3 Het einde van de twee methodes

Sluit de kast af op de bekende manier en geef de zorgbijen ruim twee uur de tijd om terug bij het broed te klimmen. Nu de raten van de moederkolonie weer bedekt zijn met bijen zet je die op een bodem en een onderstel op een plek op je bijenstand die ver weg ligt van de originele standplaats. Je kan ze 's avonds ook naar een andere bijenstand verhuizen. De nieuwe kast (de rompen onder het rooster) zullen worden aangesterkt met de haalbijen die naar hun vertrouwde locatie terugkeren. Omdat het procedé heel storend is voor de bijen bestaat er een reële kans dat je zwerm gaat vliegen. Je kan er daarom voor opteren toch weer een rooster onder het volk te plaatsen eens je de hele procedure doorlopen hebt (§ 6.1.3).

De kunstzwerm die je zo gemaakt hebt is niet snel geneigd weg te vliegen omdat ze niet de tijd gehad heeft zich met een voorraad honing vol te zuigen. Het is daarom raadzaam de kolonie bij te voederen, zeker als de weersomstandigheden niet bijster zijn.

15. Ziekten en parasieten

Ik heb de indruk dat een groot deel van de moderne bijenliteratuur – onderzoek naar de biologie en het gedrag van de honingbij – alleen maar gaat over ziekten en andere aandoeningen. Als dat waar is, dan is het zonder twijfel het gevolg van de economische impact die ziektes hebben op de bijenteelt en door de geldstroom die uit die richting naar wetenschappelijk onderzoek gaat. Hoewel natuurimkeren de kansen op ziektes vermindert, is het ook geen manier om de ziektes volledig te vermijden. Als we er de literatuur uit de hoogdagen van het imkeren met korven, die in vele opzichten meer natuurlijke bedrijfsmethodes hanteerde dan vandaag de dag het geval is, op nalezen dan stellen we vast dat de meeste ziektes ook toen al bekend waren hoewel men er toen veel minder over wist dan nu. Aan de 'oude' ziektes moeten we zeker de varroamijt toevoegen die zich op dit moment met uitzondering van Australië over de hele wereld verspreid heeft. Varroa en de virussen die het meebrengt, wordt algemeen beschouwd als het organisme met de grootste economische impact op de bijen. We moeten dus kijken wat we kunnen doen om het effect van ziektes en parasieten op onze bijen te verminderen bovenop de maatregelen inherent aan de bedrijfsmethodes die ik hierboven al behandelde. Er zijn twee elementen nodig vooraleer een ziekte in een kast kan ontstaan: de kolonie moet vatbaar zijn en er moeten al ziektekiemen aanwezig zijn. Onze manier om de bijen te houden kan voorkomen dat de twee actoren samen in een kast aanwezig zijn.

15.1 Kasthygiëne

Het is al langer bekend dat bepaalde praktijken, zoals het plaatsen van teveel kasten op één plaats of het verhuizen van materiaal, raten (met of zonder broed), honing en bijen van de ene stand naar de andere, het risico op ziektes verhogen omdat ze de hygiënische processen die een bijenvolk van nature bezit ondermijnen. Ook de afkoeling van het broed en slechte voedselvoorraden spelen een rol. We kunnen veel doen om dat alles te beperken. We kunnen bijvoorbeeld alleen nieuw materiaal gebruiken als we onze volken vermeerderen. Maar misschien is dat overdreven en moeten we een compromis vinden, al is het maar om binnen ons budget te blijven.

Denk ook eens na welke manipulaties een overdracht van pathogenen tussen de kasten kunnen veroorzaken. Je imkerbeitel en je handschoenen kan je (als de laatste waterbestendig zijn) spoelen in een oplossing van sodakristallen (natriumcarbonaat). Als je een beetje schrobt verwijder je zo de propolis. Een manier om je gereedschap te steriliseren is het af te branden. Open je roker en blaas er met het balgje lucht in tot je een mooie vlam hebt waar je enkele minuten je beitel in hangt. Als je verschillende bijenstanden hebt, kan je op elke plek een andere beitel gebruiken. Je kan die bijvoorbeeld opbergen in één van de kussens onder het dak van één van je kasten.

Bodems en rompen kunnen routineus afgebrand worden voor je ze opnieuw in gebruik neemt. Toplatten kunnen gerecycleerd worden op de manier die Warré al voorstelde: je laat een stuk raat van ongeveer 5 mm aan de lat, op voorwaarde dat de kast waaruit ze komen heel zeker vrij is van klinische sporen van ziekte. Bij de minste twijfel kan je de toplatten steriel maken door ze anderhalf uur op te warmen in een oven aan 140°C en ze een nieuwe starterstrip geven als ze zijn afgekoeld. Had je te maken met Amerikaans vuilbroed, check dan even wat de vereisten zijn die je lokale autoriteiten eisen in verband met sterilisatie van het materiaal. In het VK wordt geëist dat je de rompen afschroeit en de ramen (mét de raat) verbrandt. Hetzelfde wordt gevraagd voor Warré-rompen en de toplatten.

Als in uitzonderlijke omstandigheden een kolonie afgemaakt moet worden – bijvoorbeeld op vraag van je lokale inspecteur na het vaststellen van vuilbroed, of omdat het volk zo ziek is dat het niet meer te redden valt en dat overlevende bijenziekten onder gezonde volkeren gaan verspreiden – dan zijn er drie mogelijkheden. Als je de opdracht krijgt een volk af te maken – en dat gebeurt meestal onder toezicht – dan moet je de raad volgen van de inspecteur die je met die opdracht belast. In alle andere gevallen beschik je over drie zeer geschikte mogelijke producten om een volk te vernietigen: zwavel, petroleum of een vloeibare detergent (half verdund afwasmiddel bijvoorbeeld).

Om het volk om te brengen zonder mogelijke giftige residu's in de kast te laten sluit je de ingang af, maak je de kast bovenaan open, neem je het afdekdoek weg en zet je bovenop de kast een extra romp zonder toplatten. Zet brandende zwavel in een bakje in de kast en sluit die af. Zwavel is te koop in de bijenspeciaalzaak. Let op met poeders die in tuincentra als dusdanig wel verkocht worden maar naast de pure zwavel ook andere substanties bevatten die worden aangewend als bevochtiging- of dispergeermiddel. Een minder fraaie methode is een vod die in petroleum werd gedrenkt over de toplatten van de bovenste romp leggen en de kast af te sluiten. De grootste rotzooi levert de methode op waarbij je de bijen overvloedig besproeit met detergent. Het ís een rotzooi maar het resultaat is heel effectief. Ik heb gelukkig tot nu toe nog geen volken moeten afmaken, maar ik heb detergent gebruikt om een paar kolonies om te brengen die zich in gebouwen genesteld hadden en er niet levend uit gered konden worden. Omdat de producten die je gebruikt geen insecticiden bevatten, laten ze ook geen intense, giftige sporen achter die door roofbijen misschien onder andere volken in de nabijheid zouden verspreid kunnen worden.

15.2 Insecten

Een welvarende, gezonde kolonie in een Warré-kast moet zich helemaal zelfstandig kunnen wapenen tegen wasmotten (Galleria mellonella; Achroia grisella), wespen, hoornaars (Vespula vulgaris/germanica) en zelfs tegen de kleine kastkever (Aethina tumida). Als er zich in de nabijheid van je kast een wespennest bevindt of als er in een bepaald jaar in de late zomer opvallend meer wespen zijn dan anders, dan is het nodig om de ingang tot de kast te verkleinen, maar hem wel in verhouding te houden tot de binnenkomende nectaroogst van de bijen. Je kan een wespennest vernietigen als je het vindt. Maar weet wel dat ook wespen hun nut hebben omdat ze zich voeden met bladluizen. Als er een wespenplaag is rond mijn kasten, dan plaats ik wespenvallen die niet meer zijn dan een glazen fles met een klein gaatje in het dop en in de fles zelf een vloeistof op basis van confituur.

Wasmot is wat mij betreft alleen problematisch in lege kasten. Als je raten wil bewaren met de bedoeling ze het volgende jaar opnieuw te gebruiken, plaats ze dan twee dagen in de diepvriezer. Achtergebleven eitjes van de wasmot worden zo opgeruimd. Daarna worden de raten of een volledige romp met raten in een plastiek zak bewaard.

Een ernstiger probleem vormt de kleine kastkever. De eerste meldingen in Australië tonen aan dat kolonies in Warré-kasten het wonderwel doen in hun strijd tegen de kever. Door de eenvoudige binneninrichting van onze kast zijn er maar weinig plekken waar de kever zich kan verstoppen. Als de kever op je bijenstand een probleem is, overweeg dan de installatie van een val aan de ingang van de kast. Die zijn te verkrijgen in de bijenspeciaalzaak. Er zijn ook vallen die onder de kast geschoven worden. Die in een Warré-kast gebruiken impliceert dat je de vliegplank zal moeten wegnemen.

De Europese hoornaar (Vespa crabro) is meestal geen bedreiging voor een bijenvolk. Ik heb er ooit maar één gezien op mijn standen. Maar de Aziatische hoornaar (Vespa velutina) is dat wel. Na een opmars door Frankrijk is hij nu ook op verschillende plaatsen in België gesignaleerd. Zijn intrede in andere Europese landen is voor zeer binnenkort.

15.3 Naaktslakken

Om redenen die ik nog niet heb kunnen doorgronden zijn mijn Warré-kasten bij momenten zeer aantrekkelijk voor naaktslakken. Soms vind ik er minstens vier in een kast. Dat is nog nooit het geval geweest in mijn kasten met ramen. Toeval of niet, maar die hebben allemaal een bodem met ventilatieroosters en het metaal vormt misschien een afweermiddel. Op zich vormen slakken geen bedreiging voor de kolonie maar ze laten soms sporen van uitwerpselen achter op de bodem of de wanden van de kast. Maar zelden schenken de bijen er aandacht aan. Ik vond nog maar twee naaktslakken die waren omgebracht en door de bijen gemummificeerd werden met propolis.

15.4 Varroa

Veruit de meest voorkomende ziekte die ik in mijn kolonies vaststel is het vervormde vleugel virus[40]. De aantasting is te bemerken bij zichtbaar verzwakte bijen met verschrompelde vleugels die rondkruipen rond de ingang of om de grond in de buurt van de kast. Af en toe zie je hoe gezonde volksgenoten zo'n bij afvoeren uit de kast. Het virus is een van de vele aandoeningen die al bestonden voor de

---

40 Gewoonlijk wordt de Engelse naam gebruikt: deformed wing virus, afgekort als DWV.

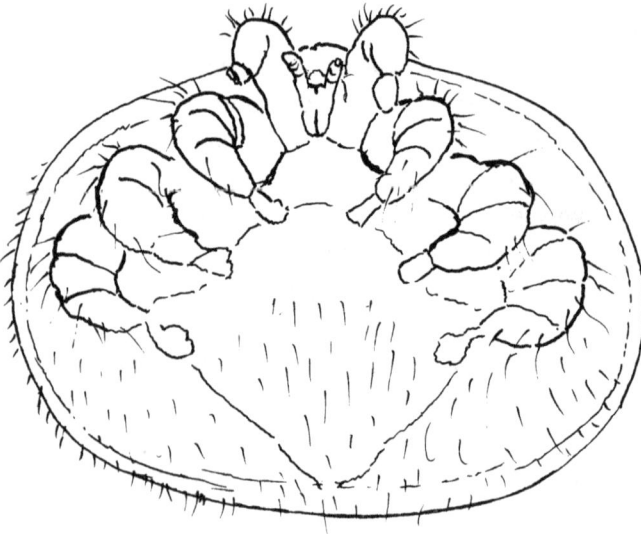

Fig. 15.1 De onderkant
van een varroamijt;
vele malen vergroot

komst van varroa maar die nu door de mijt verspreid worden omdat ze zich voedt op de hemolymphen van larven en volwassen bijen. Toch zijn bijen niet volledig weerloos tegen varroa. De voortplanting van de mijten valt helemaal stil tijdens de broedloze periode van een natuurlijke zwerm. Ook een gegarandeerde nestwarmte, het natuurlijke poetsgedrag van de bijen en bepaalde chemische verbindingen die in de larven aanwezig zijn wapenen een kolonie op natuurlijke wijze tegen de mijt. De superieure thermische eigenschappen van de Warré-kast zouden bijdragen tot een warmer broednest en varroa verhinderen, maar daar zijn vooralsnog geen wetenschappelijke bewijzen voor.

De enige behandeling is het aantal varroamijten in een kast in te dijken. Vele, zo niet de meeste, natuurimkers verkiezen om hun volkeren niet te behandelen tegen varroa. Ze zijn bereid de hoge verliezen te aanvaarden als ze in ruil geen chemische bestrijdingsmiddelen moeten gebruiken. Ik volg die lijn maar ik wist de verliezen in mijn Warré-kasten over de laatste vijf jaar op een gemiddelde van 30% te houden. Als een beginneling veel heeft geïnvesteerd in een kast, gereedschap en bijen wil hij zijn investering allicht niet verloren zien gaan door varroa of een virus. In dat geval kiezen ze misschien voor de in hun omgeving beschikbare wettelijke bestrijdingsmethodes. Je eigen imkervereniging kan je over dit onderwerp adviseren. Voor 2009, toen ik in mijn kasten met uitwisselbare ramen nog tegen varroa behandelde, gebruikte ik oxaalzuur in januari en thymol in september, vlak na het oogsten van honing. Geschikte bereidingen en verstuivingsmiddelen voor die twee producten en voor nog vele andere zoals mierenzuur, zijn beschikbaar in de bijenspeciaalzaak. Maar geen enkele van de bestrijdingsmiddelen heeft geen negatieve invloed op de kolonies en de weldadige microbiotica in een kast. Elke interventie tegen varroa vertraagt het natuurlijke selectieproces dat moet leiden naar een co-existentie van bij en mijt. Het is een kwestie de kosten af te wegen tegen de baten.

Sommige natuurimkers in het VK behandelen met poedersuiker. Men beweert dat het een zeer efficiënte bestrijdingsmethode is. Nochtans zijn er bewijzen dat het helemaal niet zo effectief is, zelfs als er wekelijks of tweewekelijks behandeld wordt. Omdat deze bestrijdingsmethode bovendien heel storend is voor de bijen – telkens moet de kast geopend worden – schenk ik er geen verdere aandacht aan.

Als je wil behandelen heeft het zeker zin alleen te behandelen als dat echt noodzakelijk is. Het is vrij eenvoudig om de mijtenlast in een kolonie op te volgen door tijdelijk de traditionele, volle bodem te vervangen door een bodem met een varroa-schuif. Zo'n bodem heeft een uitneembare plank onder een bodem met een fijnmazig gaas. Op de plank komt een stuk vetvrij papier te liggen of een karton dat is ingestreken met iets waarin de mijten die vallen blijven kleven. Plantaardige olie kan hiervoor perfect dienst doen. Alles wordt een drietal dagen zo gelaten vooraleer de natuurlijk gevallen mijten geteld worden. Afhankelijk van het tijdstip wordt het aantal mijten dat per dag gevallen is vermenigvuldigd met een vooraf, via onderzoek, vastgelegde coëfficiënt om zo een idee te krijgen van het aantal mijten dat in een kast aanwezig is. In de lente en de herfst vermenigvuldig je met 100; in de zomer met 30; in de winter met 400. Behandelen doe je alleen als de economisch bedreigende drempel is bereikt van 1/8 van het aantal bijen in een kolonie. Het gemiddeld aantal volwassen bijen in een gezonde, levendige kast kan in de zomer variëren van minder dan 10.000 tot ruim 40.000.

Sommige biologische imkers menen dat een kleinere celmaat van 4.9 mm, in plaats van de gangbare 5.3-5.4 mm die ze aanbieden door middel van waswafels of plastieken wasfunderingen, helpt om de bijen met varroa te laten omgaan; ze doen aan retrogressie in het bouwgedrag van de bijen. Ik heb de wetenschappelijke argumenten pro en contra van die hypothese bestudeerd. Op het moment dat ik dit boek schreef, heb ik niets gevonden dat me voldoende kon overtuigen om dit soort behandeling zelf te gaan uitproberen[41]. Mijn bijen bepalen helemaal zelf de grootte van de cellen die ze bouwen. De term 'retrogressie' gaat er van uit dat, vooraleer waswafels commercieel beschikbaar werden, de bijen zelf cellen van 4.9 mm bouwden. Ik heb gezocht naar historische bewijzen bij bijenauteurs en ben teruggegaan tot Swammerdam[42] maar ik kan geen staving vinden voor die veronderstelling[43].

15.5 Ziektes door micro-organismes

Met haar superieure thermische eigenschappen en bijvriendelijke methode (natuurlijke raatbouw, een minimum aan interventies, raatvernieuwing, enz.) is de Warré-kast een goede hulp om de risico's op fysiologische stress, die sommige van de hier onder beschreven ziektes veroorzaken, te verkleinen. Het gaat over ziektes die over het algemeen gerelateerd zijn met allerlei micro-organismen. Als je bovendien ook nog goed uitkijkt waar je de kasten neerzet en als de kolonie nooit tekort heeft aan diverse en natuurlijke voedselbronnen, dan heb je alles gedaan om deze ziektes te voorkomen. En voorkomen is beter dan genezen!

---

41 Heaf, D.J., Do small cells help bees cope with varroa – a review, The Beekeepers Quarterly, no. 104 (June 2011), pp. 39-45.

42 Jan Swammerdam (1637-1680), Nederlandse bioloog die onder ontdekte hoe de verschillende stadia in de ontwikkeling van insecten – eitje, larve, pop en volwassen insect – verschijningsvormen van hetzelfde dier zijn. Swammerdam was een van de eersten om een microscoop bij zijn onderzoek te gebruiken en publiceerde studies die ook vandaag nog hun waarde hebben.

43 Heaf, D.J., (2013), Natural cell size. www.dheaf.plus.com/warrebeekeeping/natural_cell_size_heaf

15.6 Nosema

Zie je aan de ingang en op de vliegplank overmatig veel bijenuitwerpselen – geel, oranje of bruin – wees dan op je hoede voor dysenterie ten gevolge van nosemosis. Bijen die over de grond kruipen zijn nog een symptoom. De ziekte, overgebracht door het eencellige, parasitaire sporendiertje Nosema apis/cerana, wordt veelal veroorzaakt door stress en daarom zal ze vrijwel zeker niet voorkomen bij de bijen waar jij voor zorgt. Als dat toch het geval is en je wil je toevlucht niet nemen tot de gangbare antibiotica, onderzoek dan of het wegnemen van stressfactoren helpt door de kolonie te voederen of door de kast te verhuizen naar een zonnigere, warmere of beter beschutte plaats. Is die nieuwe plaats ver verwijderd van andere kolonies, dan voorkom je ineens ook de kans dat de ziekte op andere volkeren overgedragen wordt door afvliegende bijen die de sporen van de parasiet dragen. Als de kolonie de ziekte niet te boven komt, rest je niets anders dan ze af te maken (§ 15.1) en heel zorgvuldig alle rompen aan de binnenkant af te schroeien en met een nieuw volk te starten.

15.7 Broedziektes

Als een van de twee vuilbroedziektes in een zo ver gevorderd stadia zijn gekomen dat je ze aan de vliegopening kan ruiken – de geur van oude houtlijm bij Amerikaans en een zure geur bij Europees vuilbroed – dan is het te laat om er nog iets aan te doen en rest je alleen nog de kolonie op te doeken. Om broedziektes op te sporen inspecteer je de raten (§ 7.2.2). Een beginner zal gebaat zijn met de hulp van een assistent die weet hoe de symptomen eruit zien. Dat kan een officiële inspecteur zijn of een lid van de plaatselijke imkervereniging. Er zijn vele officiële brochures en informatieve webpagina's die aan de hand van foto's tonen hoe de ziektes eruit zien.

15.7.1 Europees vuilbroed

De larven sterven en ontbinden in een vroeg stadium. Dat veroorzaakt een vlekkenpatroon in het gesloten broed. Zorgbijen proberen de boel op te ruimen maar verspreiden de sporen over andere cellen. Toen ik dit boek schreef was de ziekte wijd verspreid in het VK. Een nauwgezette opvolging en controle heeft ondertussen een kentering teweeg gebracht. Een behandeling bestaat erin om de kolonie over te hevelen in een nieuwe kast en de raten in de oude kast te vernietigen en de rompen grondig af te schroeien. Omdat het een ziekte is die veroorzaakt wordt door stress (verplaatsen van kasten, afkoeling, slechte voeding, enz.) verdwijnt de ziekte soms vanzelf als het weer omslaat. Vaak komt en verdwijnt de ziekte zonder dat de imker er erg in heeft.

15.7.2 Amerikaans vuilbroed

Bij deze ziekte sterven de larfjes en ontbinden nadat de cellen verzegeld zijn. Van buitenaf zie je hoe de dekseltjes van de cellen ingezakt zijn en soms geperforeerd. Als je zo'n cel openmaakt en je steekt een lucifer in de brij die zich op de bodem van de cel bevindt, dan vormt zich een bruinachtige 'draad' tussen de celinhoud en de lucifer. Zo'n draad bevat miljoenen sporen. Ze drogen en het wordt voor de poetsbijen onmogelijk om alles op te ruimen. De sporen hebben een onwaarschijnlijk lange levenscyclus en ze hebben een stabiele temperatuur waardoor ze niet onderhevig zijn aan de temperatuurschommelingen van een kolonie. Als een wilde kolonie afsterft, wordt de raat vaak ontbonden door andere dieren of organismen waardoor de infectie vanzelf opgeruimd wordt. Maar als een volk zo'n nestholte binnentrekt vooraleer het ruimen voltooid is, zal de ziekte meer dan waarschijnlijk ook in het nieuwe broed verder leven. Een natuurimker die Amerikaans vuilbroed vaststelt in één van zijn kasten zal op zijn minst de raten, de toplatten en het afdekdoek vernietigen en de rompen en de bodem grondig afschroeien.

Bijenwetenschappers zeggen dat de ziekte in de hand gewerkt wordt door imkerpraktijken: druk op kolonies en het uitwisselen van kastonderdelen en raat tussen kolonies.

15.7.3 Kalk- en zakbroed

Beide ziektes zijn stressgerelateerd maar in de meeste gevallen kunnen de bijen er zelf een remedie voor ontwikkelen. Ik zag 'mummies' van kalkbroed aan de ingang van mijn kasten. Er groeit een schimmel op sommige van de larven en her en der op de raten. Naar verloop van tijd bezet de schimmel de gehele cel. De bijen kunnen in de meeste gevallen de aangetaste larven verwijderen; het gaat over een ovalen klompje, aan de ene kant puntig dat meestal wit is met hier en daar zwarte vlekjes. Bij een ernstige besmetting kan je overwegen om een nieuwe koningin te introduceren.

Zakbroed is het gevolg van een virus en manifesteert zich door larven die afsterven net voor ze geboren worden. De dode larven lijken waterachtig en korrelig. Ze zitten in een dikke zak met de kop in de richting van de uitgang van de cel. Als er veel zo'n dode larven zijn, ruik je een zure geur. Er zijn geen remedies voor een van de twee aandoeningen behalve het wegnemen van stressfactoren. Een nieuwe koningin invoeren kan een oplossing bieden.

Zoals je al kan vermoeden is de lijst van mogelijke aandoeningen in een bijenvolk veel langer maar ik heb me hier beperkt tot de meest voorkomende parasieten en ziektes.

15.8 Pesticiden

Onder imkers is dit, sinds de komst van DDT, al decennialang een omstreden onderwerp. Als je, zoals ik, in een omgeving woont met overwegend grasland, dan is de kans op blootstelling aan pesticiden waarschijnlijk klein. Maar dan nog zegt men dat bijvoorbeeld producten die worden toegepast om schapen te wassen sporen van pesticiden over de veldbloemen kunnen verspreiden als de dieren rondlopen.

De grootste bedreiging komt tegenwoordig van neonicotinoïden die veelvuldig op gewassen gebruikt worden en die ook in kleine doses dodelijk kunnen zijn voor honingbijen. Een constante blootstelling aan zelfs hele kleine hoeveelheden kan het gedrag van bijen verstoren; ik geef de capaciteit om hun kast terug te vinden als voorbeeld. In Duitsland gingen de laatste jaren tienduizenden kolonies verloren door besmetting ten gevolg van het gebruik van neonicotinoïden. Planten nemen de pesticide op en via het zaad wordt ze verspreid over de hele plant om daarna via stuifmeel en nectar bij de bijen te komen.

Er kan via de politiek worden gelobbyd voor meer bijvriendelijke pesticiden of zelfs voor een biologische, pesticidenvrije landbouw. Maar wat kan er nog worden gedaan? Een eerste stap is al heel vroeg in het seizoen vaststellen welke gewassen in je omgeving een mogelijke bedreiging vormen. Boeren dienen zich te houden aan de voorschriften omtrent pesticiden die voorgeschreven zijn door de overheid. Dat kan hen dwingen om in contact te treden met lokale imkers of met lokale imkerverenigingen en niet te spuiten als de bijen uitvliegen. Je kan er voor kiezen je kasten af te sluiten als er wel gespoten wordt. Het is verstandig daarom een bodem met een gaas onder je kast te steken zodat ventilatie van de kast geen probleem wordt en je kan verder ook voor extra ventilatie aan de bovenkant van de kast zorgen. Je kasten op een schaduwrijke plek plaatsen kan ook helpen. In het ergste geval kan je naar een andere standplaats voor je bijen gaan zoeken.

Vergiftiging komt meestal voor in de lente of de zomer. Een bewijs heb je als je plotseling vele dode bijen rond de vliegopening ziet. Ben je zeker dat je bijen vergiftigd zijn door het gebruik van pesticiden dan is het mogelijk dat je daarvoor gecompenseerd wordt, zeker als het product op een onverantwoorde manier gebruikt werd. Verzamel, onderzoek en vries stalen in van enkele honderden bijen uit een kast die getroffen werd en neem foto's (met datumaanduiding als je een digitale camera hebt). Je plaatselijke imkervereniging kan voor je uitzoeken welke autoriteiten je moet contacteren.

Appendix 1

**Webpagina's en internet-fora over
natuurimkeren en imkeren met warré-kasten**

Warré-imkeren: http://warre.biobees.com

Yahoo e-group: http://uk.groups.yahoo.com/group/warrebeekeeping

De website van David Heaf: http://www.bee-friendly.co.uk

Friends of the bees: www.biobees.com

Natural Beekeeping Trust: www.naturalbeekeepingtrust.org

Gareth Johns blog over natuurimkeren: http://simplebees.wordpress.com

Nick Hamsphire's website met uitleg voor het maken van Warré-kasten voor de volslagen leek: http://www.thebeespace.net

Jean-François Dardenne: http://www.ruche-warre.levillage.org

Guillaume Fontaine: http://www.apiculture-warre.fr

Jan-Michael Schütt en Olivier Duprez: http://ruchebio.com

Gilles Denis (een commercieel imker, verkoper van Warré-kasten, onderdelen en bijen en auteur van een handleiding, lesgever): http://www.ruche-warre.com

Marc Gatineau: http://www.perso.orange.fr/marc.gatineau en www.apiculturegatineau.fr

Jérôme Alphonse: www.mielleriealphonse.com

Een website in het Frans: www.ruchewarre.net

Een Franse Google e-groep: http: //groups.google.com/group/la-libera-abelo?hl=fr

De heel uitgebreide website van Claude Bralet met veel informatie over ecologisch en bij-vriendelijk imkeren onder andere met Warré-kasten:
http: //la-ruche-sauvage/ruches/rucecolo.php of http://www.la-ruche-suavage.com

Werkgroep Natuurlijk Imkeren België, website: www.natuurlijkimkeren.org en facebookpagina: www.facebook.com/groups/1889192541363031

Luc Pintens (Minister van Blijde Bijen): www.hapicultuur.be/nl
Hij gaf ook een boek uit (http://hapicultuur.be/nl/imkercusus)

Cursus natuur-imkeren via Landwijzer: www.landwijzer.be/natuurlijk-imkeren

Free the bees: http://freethebees.ch/en (website ook in het Frans en het Duits)

Jonathan Powell maakte een index van alle mogelijke (wetenschappelijke) artikels omtrent natuur-imkeren, bijengezondheid en -biologie. Het overzicht is te vinden op de website van de Natural Beekeeping Trust:
www.naturalbeekeepingtrust.org/the-science

Appendix 2
Verdere literatuur

Over bijen in het algemeen:

Hauk, Günther, *Towards Saving the Honeybee*, Biodynamic Farming and Gardening Association, 2002

Seeley, Thomas D., *Honeybee Democracy*, Princeton University Press, 2010

Seeley, Thomas D., *The Wisdom of the Hive. The Social Physiology of Honey Bee Colonies*, Harvard University Press, 1995

Storck, Heinrich, *Am Flugloch*, Editions Européennes Apicoles, 2013; in het Nederlands vertaald als "Bij het vlieggat", bij dezelfde uitgever.

Tautz, Jürgen, *Phänomen Honigbiene*, Spektrum Akademischer Verlag 2007; in het Engels vertaald als *The Buzz about Bees - The Biology of a Superorganism*, Springer 2008; in het Nederlands vertaald als *Honingbijen*, KNNV uitgevers, 2013

Weiler, Michael, *Bees and Honey from Flower to Jar*, Floris Books, 2006

Winston, Mark, *Biology of the Honey Bee*, Harvard University Press, 1987

Over natuurimkeren en/of imkeren met Warré-kasten:

Bush, Michael, *The Practical Beekeeper. Beekeeping Naturally Volume I, II & III*, X-Star Publishing Company, 2004-2011

Duprez, Olivier, *Elever des abeilles en ruche Warré*, Éditions Rustica, 2016

Freeman, Jacqueline, *The Song of Increase. Returning to our sacred partnership with Honeybees*, Friendly Haven Rise Press, 2014

Jean-Michel Frères en Jean-Claude Guillaume, *L'Apiculture Ecologique de A à Z*, Marco Pietteur, 2013

Guillaume, Jean-Claude, *Exposé sur l'Apiculture Ecologique*, Marco Pietteur, 2016

Heaf, David, *The Bee-friendly Beekeeper. A sustainable approach*, Northern Bee Books, 2010

Lazutin, Ledor, *Keeping Bees with a Smile*, Deep Snow Press, 2013

Pintens, Luc, *Apicentrische Bijenteelt Cursus*, uitgave als e-book in eigen beheer, 2014 – te verkrijgen via www.hapicultuur.be

Van Derbeken, Anton, *Transitie in de bijenteelt*, uitgave in eigen beheer, 2016 – te verkrijgen bij de auteur: anton.van.derbeken@telenet.be

Warré, Emile 'Abbé', *Bijenhouden voor iedereen*, Northern Bee Books, 2018

Natural Bee Husbandry, Engelstalig tijdschrift uitgegeven door de Natural Beekeeping Trust (verschijnt om de drie maanden) – www.naturalbeekeepingtrust.org/natural-bee-husbandry

www.ingramcontent.com/pod-product-compliance
Lightning Source LLC
Chambersburg PA
CBHW080557220326

41599CB00032B/6515